场 所 原 论 II

建筑如何与城市融为一体

[日] 隈研吾 著　张烨 张锐逸 译

华中科技大学出版社
中国·武汉

图书在版编目（CIP）数据

场所原论.Ⅱ，建筑如何与城市融为一体/（日）隈研吾著；张烨，张锐逸译. —武汉：华中科技大学出版社，2019.3
（2021.3重印）（时间塔）
ISBN 978-7-5680-4900-9

Ⅰ.① 场… Ⅱ.① 隈… ② 张… ③ 张… Ⅲ.① 建筑学－研究 Ⅳ.① TU-0

中国版本图书馆CIP数据核字（2019）第008353号

TITLE： ［場所原論Ⅱ］
BY： ［隈研吾］
Copyright © Kengo Kuma 2018
Original Japanese language edition published by Ichigaya Shuppan Co., Ltd.
All rights reserved. No part of this book may be reproduced in any form without the written permission of the publisher.
Chinese translation rights arranged with Ichigaya Shuppan Co., Ltd.
Tokyo through NIPPAN IPS Co., Ltd.
本书简体中文版由日本市谷出版社授权华中科技大学出版社在中华人民共和国境内（但不含香港、澳门、台湾地区）独家出版、发行。
湖北省版权局著作权合同登记 图字：17-2019-012号

场所原论Ⅱ：建筑如何与城市融为一体
CHANGSUO YUANLUN Ⅱ：JIANZHU RUHE YU CHENGSHI RONGWEI YITI

［日］隈研吾 著
张烨 张锐逸 译

出版发行：	华中科技大学出版社（中国·武汉）	电话：（027）81321913	
	武汉市东湖新技术开发区华工科技园	邮编：430223	

策划编辑：	贺　晴	美术编辑：	赵　娜
责任编辑：	贺　晴	责任监印：	朱　玢

印　　刷：	武汉精一佳印刷有限公司
开　　本：	710 mm×1000 mm 1/16
印　　张：	9
字　　数：	184千字
版　　次：	2021年3月 第1版 第2次印刷
定　　价：	58.00 元

投稿邮箱：heq@hustp.com
本书若有印装质量问题，请向出版社营销中心调换
全国免费服务热线：400-6679-118 竭诚为您服务
版权所有　侵权必究

前　言

离写完《场所原论》，已经五年了。

《场所原论》是从"3·11"的故事开始写的。2011年3月11日，在那之前的"日本"的一切，都被破坏了。我觉得不仅"日本"变成了残垣断壁，世界本身也被破坏了。1755年里斯本大地震导致5万人死亡，这让当时的人们觉得像世界末日一样。他们感到，所有的支持世界的原理和体系都被大地震和海啸破坏殆尽了。

在2011年，我有完全相同的感受。我感到，支持着20世纪工业化社会的所有原理和体系都变得无效且像崩溃了一样。本以为强固的混凝土构造物，在大自然面前，瞬间倒塌、支离破碎的样子，是象征"近代"或"现代主义"体系终结的风景。

之后，我们应该怎样挺过去呢？我们应该怎样从零开始呢？怀着这种危机意识，我一口气写下了《场所原论》——主题是"小"。我从各种不同的场所带回来小块碎片（如木板或石头），表明要首先从这里开始的决心。我想从我们身边小的事物开始，重塑自我，重塑失去了基石的建筑这一存在。

然后，在日本和世界其他各地，各种各样的事情发生了。在地震引起核事故之后，海外的几家航空公司的飞机不再降落在成田机场。很多人都认为，这样持续下去，没有游客来日本，日本不是完全被世界抛弃了吗？

然而，令人惊讶的是，在奥委会宣布2020年的奥运会在日本举行后，来自国外的游客数量逐步攀升。

主张首先要借助小的事物，从小的事物开始的我，竟然被委托设计东京的奥运会主体育场，连我自己都不敢相信这是真的。不只是新国立竞技场要这样设计，这也意味着设计属于新时代的新的大型建筑的时机到来了。

在那种情况下，我深感做大型建筑的不易。因为只要大，就会从环境中飘浮出来，不可避免地会给人一种出现了巨大异物的感觉。于是，我抱着"我想把消除这种违和感（不舒服的感觉）的智慧传达给年轻人"的想法，写下了这本《场所原论Ⅱ》。

然而实际上，我丝毫没有想给年轻人上一课的心态。我自己在拼命地寻找"大尺度问题"的解决途径，同时也将其间的历程做成了报告，因此才有了这本像报告一样的书。

试着考虑一下，没有关于这个主题的书真是不可思议。如何联系大型建筑和场所是建筑最重要的课题。而且，目前还没有研究这个课题的书。

为什么呢？因为有异物感的物体更加重要。建造像摩天大楼一样的高塔式建筑，使其耸立在城市中，对吸引目光和投资是很重要的。以前是用底层架空的方式把建筑这个美丽的雕塑与大地割裂，将其呈现为特殊事物的时代。建筑类图书全是传授"割裂"技术的教科书。

本书的目的恰恰相反。它的主题不是关于如何"割裂"的，而是关于如何"联系"的。这是一本我想和大家共同挑战这项艰巨任务的书。我并没有打算教什么，也没有觉得这样做很伟大，因为我自己正处于挑战的苦恼中，我只想传达这个过程中的一些困难。

完美地联系和融合也许是不可能的。正因为这样，我认为不应该批判大的事物或辩论大小本身，而应该真实地传达过程的艰辛，并在许多同伴和同行之间分享技术。联系的方法是形态学，也是社区理论。

如果场所和建筑相互联系，相互呼应，那么自然和人凝聚在一起，社区就会发展起来。正因为大型建筑有这种力量和可能性，我正在挑战大型建筑。

只有在积累了这些努力之后，场所才会回到我们身边。

"场所"才会再次成为属于我们的东西。

隈研吾

2018 年 3 月

目 录

绪 论　　战争与割裂 /002

　　　　　　建筑的商品化与多米诺体系 /003

　　　　　　底层架空形式带来的与大地的割裂 /004

　　　　　　为了联系而写的书籍 /006

　　　　　　后现代主义与建筑商品化的加速 /007

　　　　　　简·雅各布斯——城市的再发现 /008

　　　　　　雷姆·库哈斯——尺度的发现 /009

　　　　　　世界的主题公园化 /010

　　　　　　超越伪恶趣味 /011

《场所原论Ⅱ》的目标 /012

粒 子　　从上看，从下看 /014

　　　　　　从下看的现象学 /015

　　　　　　从现象学到吉布森的认知科学 /015

　　　　　　作为粒子集合体的环境 /016

　　　　　　光滑是敌人 /017

　　　　　　谓之百叶的粒子／孔 /017

孔　　　孔、塔、桥 /019

　　　　　　球与迷宫的二项对立 /019

　　　　　　洞穴与孔的对立 /020

　　　　　　被称为莫诺尔型的柯布西耶的孔 /021

　　　　　　被称为巴西利卡的孔 /022

　　　　　　店屋与四合院 /023

倾 斜　　垂直带来割裂 /026

　　　　　　下降的屋顶，上升的屋顶 /027

　　　　　　雨与倾斜 /028

　　　　　　柯布西耶与倾斜 /029

　　　　　　从倾斜到解构主义 /029

　　　　　　小堀远州的倾斜 /031

时　间	场所与地灵 /033
	材料与时间 /034
	老化的材料 /035

收录案例

粒　子	Starbucks 太宰府天满宫参道店 /038
	丰岛 Eco-museum Town/042
	北京茶室 /048
孔	贝桑松艺术文化中心 /052
	Aore 长冈 /056
	饭山市文化交流馆 Natura/062
倾　斜	帝京大学附属小学 /068
	中国美术学院民艺博物馆 /074
	九州艺文馆 /078
	FRAC 马赛 /084
	达律斯·米约音乐厅 /088
	TOYAMA Kirari/092
	瑞士联邦理工学院洛桑分校 Art Labo/098
	波特兰的日本庭园 /104
	新国立竞技场 /110
时　间	歌舞伎座 /114
	La kagu/120
	Entrepot Macdonald/124
	北京前门地区 /128

图版、照片列表 /132

后记 /134

译后记 /136

绪　论

《场所原论 II》的目标

粒子

孔

倾斜

时间

绪 论

战争与割裂

想再次将场所与建筑联系起来的想法，让我开始写《场所原论》（2012年）。为什么呢？因为在20世纪，场所与建筑被遗憾地割裂开了。结果，场所与人也被分离了。与场所分离的人变得不幸。这种失落感、空虚感，让我写下了《场所原论》。

割裂是如何开始的呢？割裂是随着建筑成为交易对象的"商品"而开始的。

在20世纪以前，建筑基本上不是交易的对象。一旦建成，它就成为从父母到孩子，在家族成员之间传承下去的事物。它不是用于出售或购买的东西。

更何况，在过去也没有人考虑用建筑的交易差额来获得利润。建筑是随着一点一点的修复和重新改造而长期使用的事物。在此期间，建筑融合在场所中，场所和建筑几乎变得没有区别，地面和地上建筑物也变得几乎没有区别。而这是理所当然的，因为建筑是场所的一部分。

然而，在20世纪，这种幸福的关系崩裂了。引起这一转变的是两次大规模战争。战争往往导致住房困难。因为退役士兵归国，以及战争结束后的婴儿潮，人们短时间内需要大量的住房。

处境最糟糕的是美国。自第一次世界大战以后，美国政府就决定将发展郊区住房作为国家的基本政策，建立了联邦住房管理局（FHA）以促进大规模住房开发（1934年），开启了即使不是特别富裕也都可以轻松买房的体系，即包括今天被称为住房抵押贷款的制度。这被称为中低收入家庭的住房政策。

结果，像莱维顿（Levittown）这样的大型郊区住宅区（图1）出现在美国，那里的郊区生活方式成为20世纪生活的默认选项。

郊区像一张什么都没有写的白纸，添加

图1 美国的郊区住宅区的象征：莱维顿（Levittown）

什么或建造什么都可以，而且它很便宜，是谁都可以得到手的土地。在这样的土地上，人们可以自由地建造房屋，购买他人建造的房屋（称为销售）。这种郊区体系及生活方式从美国传播到全世界，进而成为世界住房的标准。

称这个标准带来的新情况为"欧洲的终结"也不为过。在这里"欧洲"意味着场所与建筑、场所与社区的幸福的一体感。实际上，即使在欧洲之外，这种和谐关系和生活在20世纪之前都是司空见惯的。无论在亚洲或是非洲，场所与建筑融为一体都是理所当然的。

然而，随着20世纪"美国"的出现，这种关系面临崩溃，因为美国发明的郊区和超高层建筑，破坏了这种幸福的关系。

而且，美国式的东西在亚洲的扩张，终于让情况变得严重。亚洲的自然因郊区而被破坏，亚洲的城市因超高层而被摧毁。我们也正以这种方式直面亚洲的危机。如何对待亚洲，实际上也是本书隐藏的一大主题。

建筑的商品化与多米诺体系

让我们把故事从21世纪的亚洲回溯到20世纪。20世纪是人口爆炸的世纪，同时它成了每个人都可以购房的世纪。首先，称为住房抵押贷款的体系为平民准备了购房资金，而且，得益于20世纪的工业力量，在短时间内建造大量的住房成为可能。

与木匠踏踏实实地建造房屋不同，只要装配由工厂生产的零件，房屋就建起来了。因此，

20世纪成为人类历史上首次谁都能购买建筑的时代。建筑首次成为可交易的商品，成为一种与场所割裂、可以买卖的商品。

20世纪的建筑师对这种新情况做出了敏感的回应。虽然被称为现代主义建筑的新运动在20世纪初期引起了建筑的重大转变，但是引领现代主义运动的建筑师们对"建筑的商品化"最敏感，并积极主动地顺应了这一潮流。

他们是能够读懂时代潮流，有先见之明的人。虽然他们现在被称为巨匠，但是实际上是引领了现代主义的对趋势敏感的人。

法国建筑师勒·柯布西耶（Le Corbusier）是现代主义建筑的领头人，他与混凝土工程师马克斯·杜波依斯（Max Dubois）合作，提出了被称为多米诺的住房大规模生产体系（1914年，图2）。

这是一个以水平空间结构来替代以厚重墙壁为中心构成的19世纪式的垂直空间结构的新提案。多米诺由水平的混凝土楼板与支撑它

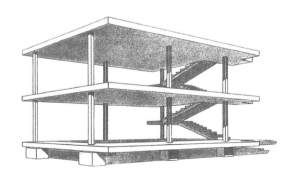

图2 多米诺体系：勒·柯布西耶（1914年）

绪 论

的细柱组合而成。

平时，建筑教学教导我们，以这种空间结构为基础，所有20世纪的建筑都能建造。因为可以在没有墙壁的水平楼板上自由设置隔板，它被诠释为，促成了20世纪自由空间的诞生。也就是说，多米诺被视为一种自由灵活的空间构成的发明。

然而，多米诺的本质是，通过组合工厂生产的标准构件，使建筑的大规模生产成为可能。大规模生产是20世纪的时代要求。

柯布西耶的观点是，通过逐一堆叠石块和砖块来建造墙壁的方式过于缓慢，无法跟上大规模生产的时代。

据说，柯布西耶是在目睹了法兰德斯（Flandre）地区遭受第一次世界大战破坏的街道之后想出了多米诺。多米诺是针对第一次世界大战后重建的预制体系的一个提案，但如果故意往坏里想的话，柯布西耶可能是企图凭借多米诺的快速批量生产体系，跟上时代潮流，进而获利。

底层架空形式带来的与大地的割裂

此外，堪称柯布西耶20世纪住宅建筑最高杰作的萨伏伊别墅（Villa Savoye）（1931年，图3）揭示了与大地割裂的建筑的原型。

萨伏伊别墅被认为是一个具有代表性的底层架空型建筑，它用结构柱使建筑悬浮起来。柯布西耶提倡底层架空式的空间，提议通过这样的手法使得大地向人们开放。然而，遗憾的是萨伏伊别墅架空的底层只是阴暗的停车门廊，我对此很失望。

柯布西耶的目的明显不是使"大地开放"，而是"与大地的分离"。他的目标是把白色的盒子从大地，从其所处的场所脱离，进而使之浮于空中。

因为柯布西耶知道通过悬浮的白色盒子，

图3 萨伏伊别墅：勒·柯布西耶（1931年）

可以建造一个十分吸引人并令人印象深刻的建筑。与大地分离的白色盒子，反而被称为20世纪最美丽的房子。

他希望建筑像电冰箱、洗衣机和电视机一样，变成彼此分离的白色盒子。20世纪建筑的梦想是希望成为工厂批量生产的无机的白色盒子。特地抛弃既温和又珍贵的温暖的大地，想要成为电冰箱。惊艳地诠释那个时代梦想的建筑师们，如柯布西耶，最终成为20世纪的英雄。

然而，与场所割裂的白色盒子，就真的能使人类幸福吗？白色盒子是适合大规模生产的，但并不适合人类这种生物居住。白色盒子是生产逻辑的产物，但是违背了人类的逻辑。工业化社会将白色的盒子强加于人类，于是人类变得不幸福。

人类这种弱小的生物通过依附于大地而勉强生活。我相信，再次将人类与大地联系是后工业化社会建筑的一个最大主题。

怀着这种心情，我开始写《场所原论》（2012年，图4）。我从与场所联系的重要性开始落笔。

我提到大灾难成为引发人们重新认识场所重要性的契机，因为大灾难让我们意识到了人类这种生物的弱小。在工业化社会中，人类觉得自己可以征服自然。然而，在海啸面前，本应该很坚固的混凝土建造的盒子却变得形同虚设（图5）。如果不与大地联系，不以大地为媒介连接人与人的话，人类这种弱小的生物是不会存在的。

那么，怎样联系才好呢？事实上，为了联系场所与建筑，我们需要有对具体方法的分析和验证。因为有很多不同的场所和建筑，所以也有很多不同的联系方法。我想将这些告诉年轻人，并希望它们能流传下去。

怀着这种想法，我开始写这本《场所原论Ⅱ》（2018年）。在本书里，我列举了很多我们实际尝试过并确认过效果的具体案例。

图4 《场所原论》（中文版封面）

图5 在海啸之后的南三陆町（2011年3月）

为了联系而写的书籍

现在，有若干本以重新联系场所与建筑为主题的书。

奥地利城市规划师卡米洛·西特（Camilo Sitte, 1843—1903年）撰写了《城市建设艺术——依据艺术原则建设城市》（City Planning According To Artistic Principles, 1889年, 图6），并分析了欧洲的中世纪广场的吸引力。在中世纪的广场里，场所与建筑以一种最愉快的关系联系在一起。这种一体感让"到哪里是场所、到哪里是建筑"这种问题本身变得没有意义。

广场变成了促成联系的重要武器。然而，中世纪的广场太完美了，试图在其中建造新建筑的人恐怕会不知所措。在《场所原论Ⅱ》中，我试着列举了一些我们做的新的广场和现代的开放空间。

在维也纳出生的美国人伯纳德·鲁道夫斯基（Bernard Rudofsky, 1905—1988年）撰写的《没有建筑师的建筑》（Architecture Without Architects, 1964年, 图7），展示了在建筑师这种"艺术家"出现以前的村庄，场所与建筑是如何融合在一起的。该书强烈批判了被称为建筑师的"艺术家"创作的"作品"。

我从这本书中受到很大的启发，并在攻读研究生期间去非洲对当地村庄进行了研究调查。如果没有这本书，想必我不会想要穿越撒哈拉沙漠吧！对撒哈拉沙漠及其周围的萨凡纳地区广泛分布的村庄群落的调查，对我来说是一笔巨大的财富。

一个没有建筑师的村庄，充满了各种各样的智慧和多样性，于是在我们持续的惊讶中两个月的旅行一眨眼就结束了。从这个意义上讲，鲁道夫斯基和旅行的领队原广司先生都是我的恩师。

然而，鲁道夫斯基的书也只是传达了"旧时的美好"，却没有告诉我们多少关于设计新建筑的具体方法。

图6 《城市建设艺术——依据艺术原则建设城市》（英文版封面）

图7 《没有建筑师的建筑》（英文版封面）

图8 《建筑的复杂性和矛盾性》（英文版封面）

后现代主义与建筑商品化的加速

由美国建筑师罗伯特·文丘里（Robert Venturi，1925—2018年）撰写的《建筑的复杂性和矛盾性》（*Complexity and Contradiction in Architecture*，1966年，图8），也是一本严厉批判柯布西耶派的与场所分离的白色盒子的书。它成为席卷20世纪后半期的后现代主义建筑的经典，是一本饱含智慧的书。

其中，文丘里批评了作为现代主义建筑原则的简约性。他批评兜售简单形式的"白色盒子"的贫乏。他分析了有复杂造影关系的建筑、复杂的表皮——例如阿尔瓦·阿尔托（Alvar Aalto，1898—1976年）经常尝试的双层表皮（图9，Academia书店）——的价值和丰富性。

然而，我现在重新翻看一遍发现，这本书只是一本记述建筑单体设计新手法的书，似乎也不是一本关于建筑与场所之间关系的书。它并没有记述把建筑连接和融入建造这座建筑的地面的具体方法。

这与文丘里自己设计的建筑给人的印象相同（"母亲之家"，Vanna Venturi House，1963年，图10）。

作为建筑设计，"母亲之家"是一个比较复杂、有巧思且非常有趣的作品。然而，它仍然是一个孤立的、被置于草坪上的"盒子"。它并没有克服20世纪郊区住房孤立与割裂的通病。

在文丘里的影响下，成为一场声势浩大的运动的后现代主义也存在同样的问题。后现代主义只不过借助历史样式，以"新派设计的盒子"来替换现代主义的"白色盒子"。虽然它后来成为建筑设计的新趋势，但并没有关于场所与建筑之间关系的新提案。场所与建筑仍然持续处于相互分离的孤立状态。后现代主义也没能冲破20世纪这一"商品化时代"的界限。

在后现代主义建筑摧枯拉朽的20世纪80年代，建筑商品化的进一步升级并非偶然。后现代主义被用作进一步增加商品附加价值的肤浅的设计工具。

20世纪80年代是资本主义体系发生巨大变化的时代。以生产行为为中心运转的资本主

图9 Academia 书店

图10 母亲之家：罗伯特·文丘里（1963年）

义时代结束了，世界体系转变为以金融业为中心的资本主义，言重一点，就是以投机为中心的资本主义。披着华丽外衣的后现代主义建筑被选为投机的对象，变得非常受欢迎。就这样，后现代主义无论在美国还是在日本都成为泡沫经济的催化剂。

简·雅各布斯——城市的再发现

作为一本批判"白色盒子"的书，美国新闻记者简·雅各布斯（1916—2006年）撰写的《美国大城市的死与生》（*The Death and Life of Great American Cities*，1961年，图11）非常重要。

她并没有讨论"盒子"的设计，而是分析了作为盒子的集合体的城市，批判了由"被分离的盒子"建成的20世纪的城市，如何对人类失去了吸引力，如何排斥和摧毁了人类。在这本书中，她列举了有吸引力的城市应该具备的四个条件。

①街道狭窄而弯曲，每个街区都很短。
②新旧建筑混合。
③各地区应承担两种以上的功能。
④人口密度应尽可能高。

这四个条件也与我在《场所原论Ⅱ》中给出的四种方法相呼应。雅各布斯批判道路与建筑割裂，并批判把住宅区与商业区、工业区隔离。雅各布斯彻底批判了20世纪以割裂为基本手法的城市规划。20世纪城市规划的要点是通过隔离不同用途的地区来避免噪声等环境问题的发生。

虽然以试图挽救产业革命后出现的糟糕的城市环境这一想法为出发点，但这种方式过于简单，甚至是粗暴。"欲盖弥彰"是20世纪城市规划的基本所为。

雅各布斯揭露并批判了20世纪城市中的各种各样的分离割裂现象。结果，她成为批判割裂的先驱，也吸引了建筑领域之外的广大读者。她对整个社会产生了巨大影响，至今仍有大量信奉者。

我试图寻找作为"盒子"集合体的城市的

图11 《美国大城市的死与生》（英文版封面）

图12 《S，M，L，XL》（英文版封面）

具体逻辑,并从雅各布斯那里学到很多东西。可以说,雅各布斯让我重新发现了城市的乐趣。

尽管20世纪人口增加,尽管城市一个接一个地出现,但是人们在很长一段时间里只关注建筑而忘记了城市。人们放弃考虑城市的巨大尺度,只是向着大量建造建筑单元的方向迈进。从这个意义上讲,这是一个以大量建造为目的的世纪。这是一个粗暴而不成熟的世纪。雅各布斯批判了这个属于土木建造业的世纪。

这本书聚焦建筑和广场空间的设计,针对雅各布斯指出的问题,试图给出具体的答案。不仅批判,我们现在还需要解答。我试图以这样的方式继承我所敬爱的雅各布斯的衣钵。

雷姆·库哈斯——尺度的发现

在对具体空间的分析方面,我认为代表现代的建筑师雷姆·库哈斯所著的《S,M,L,XL》(1995年,图12)是一本非常重要的书。

图13 《小建筑》(日文版封面)

库哈斯是20世纪后期以来最重要的建筑师。柯布西耶与文丘里基本只讨论了"盒子",雅各布斯只讨论了"社会"与"城市",而库哈斯则具体论述了有关"盒子"和"城市"之间的联系。他把我们的目光引向最被忽视的东西。这与我将在这本《场所原论Ⅱ》中展开的东西具有相同的视点。

S代表小,M代表中,L代表大,XL代表特大。可以说,这是世界上第一个关于建筑物"大小"的全面分析。

在19世纪以前,当所有建筑物都很小的时候,没有人想到要讨论建筑物的大小。从被称为建筑理论原点的古罗马建筑师维特鲁威(Vitruvius)撰写的《建筑十书》开始,后来的所有建筑书都忽略了规模尺度这个问题。可以这么说,那些年月,建筑师倾向于只把建筑当作一种模型,将之与场所割裂开,单纯讨论其好与坏。

来到20世纪,随着照片的普及,这一倾向越来越明显。照片基本上也没有传达尺度这一重要信息。直到走近一看,才发现如此巨大,出乎意料。因为如果建筑物不大,建筑会自动与大地联系起来,通过照片是能够大概想象实际状况的。然而,随着建筑变得巨大,各种各样的问题就出现了。它会带来量或质的问题。大型建筑可能会在质量上出现大问题。

首先,如果建筑物很小,建筑物与场所会自动结成一种和谐的关系。对建筑物的小巧感兴趣的读者,请阅读我写的《小建筑》(图13)。这是一本在建筑一味变大的时代里,聚焦于建造"小建筑"的乐趣的书,是一本试图用所谓的"小建筑"这样的武器来批判大型建筑的书。

然而，随着经济规模和速度的提高，建筑物将不可避免地变得更大。因为只有"小建筑"，现在的世界是无法成立的。建筑史也是建筑巨大化的历史。20世纪与21世纪，这种巨大化过程持续加速。未来那些大型建筑会变成什么，或者是不得不变成什么呢？

库哈斯可以说是第一个有勇气面对这个大问题的建筑师。

建筑物在20世纪成为商品，之后随着资本主义的演进，建筑这个商品的尺度在加速变大，并持续地变得更大。另外，在人口规模巨大的亚洲，掀起了开发建设的浪潮（图14）。可以说，这些状况促使库哈斯写下了那本书。

亚洲改变了建筑，改变了建筑理论。库哈斯平静地观察着建筑在这股巨大化的浪潮中是如何变化的。库哈斯是第一个面对亚洲问题的建筑师。这也是库哈斯这位建筑师潜藏着现代性的原因。

世界的主题公园化

首先，库哈斯指出，巨大的建筑与外界的联系必然变得薄弱。试着想一想，这是理所当然的。如果身处一幢巨大建筑的中间，你将无法看到外部景观，无法感受到外部的光和风。天气的好坏自不必说，你甚至不知道此时是白天还是夜晚。这就是大型建筑的命运。当时，库哈斯发现，建筑往往不可避免地倾向于只在内部创造一个完整的世界。

换言之，这是所有建筑物的主题公园化。即在建筑内部创造一个完整的小世界，试图拯救封闭而令人无法忍受的内部空间。主题公园被关闭，必然会与场所失去联系。

因此，这给我们一种自己在做梦的感觉。感觉支付入场费，并在里面花费重金也变得理所当然。所谓主题公园，就是为显现拯救与场所割裂的空间而痛苦努力的一种方式。

库哈斯指出，购物中心与机场等也在主题公园化（图15），本应格调高雅的美术馆也正持续主题公园化。这么一说，令人想到的相

图14 亚洲的风貌

似情况还有很多。

不过，库哈斯有着基本的伪恶、虚无主义的特点。他的论述的推进方向是：建筑物的巨大化是没办法的事，建筑巨大化以后主题公园化也是没办法的事。他让我们看到世界主题公园化过程中的各种有趣而怪异的变化。

库哈斯彻底愚弄了那些在这个残酷粗暴出乎意料的时代讲着用建筑拯救世界之类的痴人说梦般的话的"好好先生"。

库哈斯有些愤世嫉俗地指出，人们被糟糕又无法控制的环境欺骗，同时也在彷徨。似乎世界上的一切都是愚蠢的，而且看到这些愚蠢事物的库哈斯很有智慧，很酷，这在我看来有些自恋。

超越伪恶趣味

库哈斯的伪恶趣味感觉就像是一种代际疾病，而不是他的个人倾向。领导现代主义的柯布西耶等人，以及领导后现代主义的建筑师们（主要出生于1930年左右）都有着世界将被自己的理念拯救的逻辑，很乐观，有着如某些革命者一般的说辞。然而，实际上在由现代主义与后现代主义的建筑构成的20世纪的城市里，所有的事物都被割裂开，支离破碎，形成了非人的环境。

库哈斯无论对现代主义还是对后现代主义都抱以这样冷酷的眼光。从此，他那种伪恶的立场就诞生了。库哈斯认为建筑从一开始就是一种恶，而建筑师也是恶人。

日本20世纪70年代以来最有影响力的建筑师矶崎新（1931—）也被认为有相同的伪恶倾向。矶崎先生有这样的世界认知：在建筑行为和建筑师的存在本身之上还有艺术家这一特殊的存在。利用这一构图，他将自己置于普通建筑师的顶端，成为建筑界的重要人物。

可以说，亚洲这片新场所的出现助长了这种伪恶趣味。我知道亚洲这个新的充满活力的世界的出现让欧美人变得伪恶而自暴自弃，但我认为身处亚洲的我们不能再继续这样伪恶。因为亚洲面对着堆积成山的需要立刻解决的问题，所以首先必须从自己力所能及的身边事物开始着手。将错就错最终只是建筑师自我保护的一种手段，没有任何益处。

索性这样说，库哈斯与矶崎新等人的伪恶趣味只会削弱建筑师的立场。只是在削弱建筑师这个群体在社会中的立场。没有人会相信那些把自己称为坏人的人。虽然这对他自己来说可能很酷，但这样很难为建筑或城市提出积极的方案。

积极面向未来探寻答案的人往往被视作愚蠢的"好好先生"。相比伪恶着将错就错，地道的努力才是这个时代最需要的东西。

图15 主题公园化的购物中心

《场所原论Ⅱ》的目标

这本《场所原论Ⅱ》的一个隐藏目的是超越库哈斯的《S，M，L，XL》的虚无主义。我的目标是，超越伪恶趣味与虚无主义，积极面对目前亚洲的现实状况。

即使是大型建筑，也不要成为主题公园，换言之，不要成为梦幻般的对外封闭的内部世界。展示其与外部联系、与场所联系起来的方法才是《场所原论Ⅱ》的目的。

而且，我并不是在抽象地概念性地谈理想，而是通过具体实例，试图为这个残酷的现实开出药方。

我将把我实际工作的案例整理为4个具体的非常直接的物理方法来展开解释。

"粒子""孔""倾斜""时间"，这些都是我设计哲学的核心方法（图16）。柯布西耶以近代建筑5个原则的形式整理了他的方法论，但我尝试了只用以上4个。

事实上，你可以利用这4点相加相乘，找出与建筑场所完美契合的解决方案。

与"大"交往

在过去的10年里，我参与的项目的规模逐渐增大。通常情况下，当项目变得巨大，建筑似乎将变得无聊。虽然建筑师设计小房子是好事，但据说在建筑师成名并开始设计大型建筑物后，作品将变得枯燥无味。如库哈斯所说，因为体量变得越来越大，所以外部变得越来越远。换言之，原因之一是这样必然会产生巨大

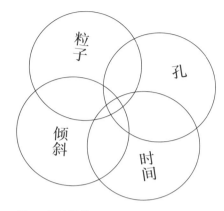

图16 设计思想

的封闭的内部空间，使场所与建筑割裂开。

另一种原因是建筑物变大后，大量图纸的绘制成为必然，推敲变得马虎，设计的密度下降等问题出现。仿佛存在这样的规律：在以上两种原因的共同作用下，这世上越大的建筑越变得枯燥无味，建筑师开始做大型建筑时，就开始走下坡路。

然而实际上，应该有一些只有大型建筑才可以得到的乐趣。也许正因为是大型建筑，才能实现场所与建筑的共鸣。即使是XL（特大号）也应该能够对场所、对世界开放，而不会将内部空间对外封闭。

如果这种情况没有发生，城市将无可救药。我们无法再一次重新获得充满乐趣的世界。特别是在人口众多且易于拓展的亚洲，必须更加小心。这样一来，亚洲可能成为世界上最有趣的地方。也许在欧美没有实现的乐趣将会在

亚洲实现。

雅各布斯的书针对政治家、公务员、城市规划师及街道的管理运营者，而我这本《场所原论Ⅱ》则针对建筑实务者和考虑在这个现实世界中建造建筑的人们，尝试通过实际案例来激励他们。怀着这种想法，我决定在这本书中将我这20年来做过的"大建筑"进行整合，并尝试进行客观的分析（图17）。

做大型建筑物很难，有很多需要解决的问题。然而，我认为只要走出伪恶趣味的误区，前瞻性地思考，建筑也不是需要被抛弃的东西。

准确地说，我们不可能抛弃我们生活的世界。如果不抛弃生存这件事，也就没有道理抛弃这个过分"变大"的世界。正因为它很大，如果抛弃了它就会出现严重的问题。请与这个"大"的世界用心"交往"，直到最后。

粒子：Starbucks 太宰府天满宫参道店

孔：贝桑松（Besançon）艺术文化中心

倾斜：瑞士联邦理工学院（EPFL）洛桑分校（Lausanne） Art Labo

时间：北京前门地区

图17 《场所原论Ⅱ》：粒子、孔、倾斜、时间

《场所原论Ⅱ》的目标

粒子

从上看，从下看

在努力联系建筑与场所的时候，最重要的是要从下看这个世界。换言之，如果不站在实际体验建筑的人群与地面上的行人的立场上考量设计，就不能很好地设计建筑空间。

与从下看相对的当然是从上看。从上方，即从天空俯瞰建筑。也许可以说，这不是人类的视角，而是上帝的视角。

建筑模型通常被放置在书桌一般高的平台上，位于人的视线以下许多，往往造成从顶部俯视模型的状况。尽管没有任何恶意，但稍不注意，就会从上看模型，进而用俯视的视角着手设计（图18）。

模型确实很方便，但它具有诱导人从上看的危险性。我经常听到这样的话：虽然在审视模型的时候效果很好，但建筑实际建成后不如模型出色。因为以俯视的视角做设计，忘记了人在地面上行走抬头看建筑这一最重要的事实，所以造成了这样的失败。

而且，原本从上看就往往会忽略建筑里打开的孔与各种空间。如果没有能力逼真地想象自己走在建筑空间里，把视线降到与地面上的行人一般，就不能设计建筑空间。不要忘记，在建筑完工后，只有鸟与上帝才从天空俯瞰建筑。

关于倾斜也是如此。从上看，能够想象出屋顶，但并不能知道屋檐下面的状况。如果不能想象自己在屋檐下行走，抬头看屋檐，望庭院，就看不到屋檐下各种丰富的空间。只有通过从下看的视线才能理解倾斜与孔对于观者的意义和重要性。

图 18 推敲模型（饭山市文化交流馆 Natura）

从下看的现象学

"从上看,从下看"这一主题其实并不局限于建筑设计。它是撼动了整个20世纪哲学世界的一项大课题。努力将从上看的哲学(即俯瞰世界的哲学),转化为从下看的哲学(即重视每个个体经验的哲学)的思考方式,被称为现象学。

现象学带来了哲学世界的重大变化。现象学是19世纪末从个人如何体验世界的角度,试图重新组织现成哲学的运动。从这个意义上说,现象学是一种哲学革命。

埃德蒙德·胡塞尔(Edmund Husserl,1859—1938年)被称为现象学的奠基人。定义"建筑是一座桥"的德国哲学家马丁·海德格尔(Martin Heidegger,1889—1976年)也受到现象学的颇多影响。

海德格尔的现象学,具有通过古典的解释而促成哲学界重大变化的意义,有时被称为解释现象学(图19)。

然而,将现象学应用于建筑设计不是容易的事。将科学分析经验这种主观而暧昧的东西,运用到具体的设计方法中当然不是简单的。一般认为,经验总是主观而模糊的,通常与科学和设计相距甚远。

从现象学到吉布森的认知科学

提供打破这堵墙契机的是美国人詹姆斯·吉布森(James Jerome Gibson,1904—1979年),他创立了认知科学这一学术领域。

吉布森提出了"示能"(affordance,能供性、可供性)的概念,并开辟了一个基于"示能"概念的被称为认知科学的新学术领域。

affordance派生于afford(能够承担)这个单词。从环境为在其中走动的人们提供什么样的信息这一视点中产生了这个术语。换言之,认知科学是一门以具体和科学的方式分析人类经验与空间识别的学科。不是从人们感受到什么,而是从环境传递给人们什么信息这种完全

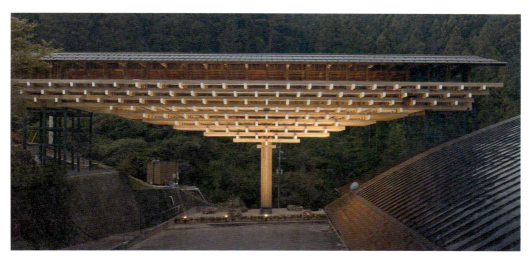

图19 梼原木桥博物馆(海德格尔:"建筑是一座桥")

相反的视角出发,从而使具体科学地分析人的体验成为可能。也可以说,它把从下看这件事科学化了。

我认为吉布森应该受到更高的评价,他的科学必须更多地受到建筑界的关注。

作为粒子集合体的环境

在吉布森的众多发现中,最重要的发现是环境由粒子组成(图20)。

吉布森通过大量实验,科学地证明了:正因为环境由粒子组成,所以人们能够感受到环境向里延伸的纵深感,并且知道自己移动的速度。据说吉布森早年的战斗机飞行员训练的经验对他自己的研究产生了最重要的作用。

飞行员以惊人的速度在三维空间中移动,过程中经常失重,辨认上方与下方变得非常困难。吉布森发现,在这种困难的情况下,为了瞬间确认空间的纵深,利用左右眼视差的立体视觉的方法根本没有任何帮助,因为飞行员是利用空间中的粒子,根据建立起的参考平面来确认纵深,使三维空间与自己相融合。

此外,吉布森已经证实,没有接受过飞行员训练的普通人也可以不依靠立体视觉而感知到空间的纵深,测算与对象之间的距离。这是因为我们还使用粒子和参考平面进行空间识别。

从吉布森的发现中,我获得了很多启发。创造建筑中的基准水平面,就是其中之一。在实际空间中,人们以外部的地面和内部的地板为参考平面进行空间识别。这是因为只要找到合适的参考平面,把它作为坐标平面,就能测算与对象的距离,以及空间的纵深等。

由此我又想到在日本榻榻米受到重视这件事。因为榻榻米预设了一个坐标系,而且这对于空间测算来说是一个非常方便的道具。能与吉布森的理论如此契合的空间设计在世界其他

图20 粒子的集合体:Chokkura 广场

地方想必是不存在的。这是因为日本传统建筑的设计是如认知科学一般的完美设计。

光滑是敌人

除了这个参考平面的概念之外,对我来说大有用处的不是把空间作为形式的集合,而是把其作为粒子的集合体来把握这一观点。吉布森发现粒子是空间与人之间的媒介,这一观点是对传统形态类型的建筑理论的重大审视。

吉布森发现,如果构成空间的所有东西都表面光滑,不具有任何肌理与质感,那么生物就无法感受到空间的纵深与自己的移动速度。

表面粗糙,能够感知颗粒的存在,对于生物来说非常重要。因为生物能在具有颗粒感的空间中安心栖居。光滑是人类的敌人,也是生命的敌人。

知道吉布森的这些观点后,我深受鼓舞。我开始注意到,自己不喜欢光滑,会被具有颗粒感的肌理与质感深深吸引,并试图在空间中将这种感觉表现出来的原因。不错,我认为这种做法很好。

谓之百叶的粒子／孔

我经常使用一种拉开粒子与粒子之间间隙的方法。其中,百叶是具有间隙的粒子的代表(图21)。

在百叶的另一侧,我们可以感知到另一个空间。百叶能将拥有多个纵深的空间联系为一个整体。百叶将这一侧的空间与对侧的空间联系起来,也可以说,百叶是巧妙设计的孔。

百叶这个方式也是中国与日本的传统绘画中最重要的方法。在西欧,文艺复兴时期发展出了一种被称为透视的绘画方法,可以将三维空间引入绘画这种二维空间中。

图21 百叶:那珂川町马头广重美术馆

在东亚、东南亚地区,因粒子间隙的运用,具有多个纵深的空间得以共存,使三维空间嵌入二维空间中成为可能。可以说,在绘画这种二维平面中使用百叶(过滤器)能够实现"开孔"。

此时,构成连接两个空间的过滤器的粒子的尺度与间隙是很重要的。通过操控粒子与间隙的大小,可以定义与对侧空间的关系。构成过滤器的粒子与对侧空间的粒子展开了动态的对话,使得本应在二维空间的事物跃迁到三维空间中,再加上视点变化这一因素,形成二维渐变到三维,甚至再到四维的空间感受。正因为粒子的存在,维度的重叠跃迁成为可能(图22)。

图22 粒子:构成"丰岛 Eco-museum Town"立面的粒子群

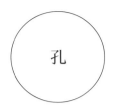

孔

孔、塔、桥

人类是喜欢孔的生物，或者可以说生物本身就喜欢孔。生物受到孔的保护，因为在孔里能让生物感到安心。孔是生物与大地融为一体的重要媒介。

在这个世界中，留存着多个迷人的洞窟聚落。卡帕多奇亚（Cappadocia）的洞窟聚落（图23）、被称为窑洞的中国洞窟聚落（图24）至今仍然被使用着，甚至有3000万人居住在该类聚落的说法。在日本富山县冰见市的大境地区也有洞窟聚落遗迹的留存。

然而，人们往往忘记了孔，在建造建筑这个物体时丢掉了现实。这个物体与大地割裂开而存在着。为了进一步使这个物体突出，它被逐渐演化为塔，离大地越来越远。20世纪的建筑商业化现象加速了塔的潮流化。

为了提醒人们这种状况，海德格尔重新定义了"建筑是一座桥"。海德格尔用桥做比喻，批判了20世纪建筑的商业化与巨大化。这是因为建筑不是塔，而应该是桥。（摘自《人类与空间》，讲演稿"建筑、居住、思考"，1951年）

因为桥总是连接着某些东西，所以它不可能是与场所割裂的物体。桥与割裂相对，也被用作表达桥接两个事物的意思。

但我认为桥还不够充分。桥头有孔。桥只连接了两件东西，与之相对，孔把我们与无限的事物联系在一起。它把渺小的我们与无限而丰富的大地联系在一起。不仅仅是连接，孔还将我们紧紧地包裹着。

球与迷宫的二项对立

在海德格尔哲学的影响下，建筑界出现了有关割裂型与联系型两种建筑的讨论。其

图23 卡帕多奇亚（Cappadocia）

图24 窑洞

《场所原论 II》的目标

中一个代表是被称为 20 世纪后期最伟大的建筑理论家、意大利建筑史家曼弗雷多·塔夫里（Manfredo Tafuri，1935—1994 年）的《球与迷宫》（1980 年）。

塔夫里把具有完美几何学秩序与结构的建筑称为"球"，与之相反，把没有秩序的像洞穴一样的建筑称为"迷宫"。塔夫里将法国大革命时期的建筑师艾蒂安·路易·布雷（Étienne Louis Boullée，1728—1799 年）的牛顿纪念馆规划设计方案（图 25）视为"球"的代表。布雷是活跃在法国大革命前后被称为超越时代的空想建筑大师（Visionary Architects）的一员。空想建筑大师有着用建筑的形式实现被称为柏拉图立体的纯粹几何学形态的热情。

另外一位超越时代的空想建筑大师克劳德·尼古拉斯·勒杜（Claude-Nicolas Ledoux，1736—1806 年）所设计的阿尔克埃·色南皇家盐场，实现了未来建筑的理念，非常珍贵。

意大利建筑师乔瓦尼·巴蒂斯塔·皮拉内西（Giovanni Battista Piranesi，1720—1778 年，图 26）所描绘的古代罗马则是迷宫的代表。在教皇的支持下，他对古罗马城遗迹进行了一次调查，然后用非凡的版画表现了他想象到的罗马。

皮拉内西描绘的罗马感觉就像一个没有外表的地下城市。孔穴不断快速演变，出现许多树枝般的分叉，最终变为迷宫，这可能是皮拉内西所描绘的罗马。可以说，皮拉内西将罗马定义为"孔"，而不是"球"。

孔与桥的区别在于你可以在孔中感到安心。当你在悬浮于空中的桥上时，经常会感到不安。人类，或者说生物不仅仅满足于"连接"，还希望得到保护。因此，必要的是洞穴而不是桥。

然而，把建造一个洞穴作为目的会很困难，如果只是试图在物体中开孔就会变得容易。从塔夫里一派的立场来说，在球中建造一个迷宫就可以了吧！这样，我们就可以摆脱从二项对立中选取其一的焦虑，更愉快地建造建筑物。

洞穴与孔的对立

这里也有我不使用塔夫里一派的迷宫和皮拉内西一派的洞穴等词的原因。皮拉内西一派所称的洞穴具有被保护的意味，而正如迷宫这个词所表达的状况，我们很不容易找到出口，

图 25　牛顿纪念馆规划设计方案

图 26　皮拉内西的古罗马

反过来会更加不安。

我所考虑的孔是能看见对面映射出的光的孔。它能告诉我们光线的方向。通过向我们揭示"对面",孔具有了双重的意味,进而将世界与我们联系了起来。

首先,开了孔的物件与我们产生了联系。接着,孔的对面与孔的这一面产生了联系。因此,从海德格尔式的意义上讲,孔是联系具体两者的桥梁。而且这个孔并不是一座与大地割裂并有跌入河川危险的桥,而是与大地紧密联系且没有跌落危险的桥。因此,生物能安心地进入孔中。

被称为莫诺尔型的柯布西耶的孔

想到与对面联系着的开孔,浮现在我脑海中的往往是柯布西耶在1919年发表的被称为莫诺尔（Monol）的集合住宅的规划设计方案（图27）。

在早期柯布西耶式的具有很多开口的通透感强的建筑中,设有很多墙与拱券的莫诺尔是很特别的作品。那许多的墙与拱券的屋顶都否定了柯布西耶自己所代表的现代主义。因为这是传统的叠砌石块式的建筑,即砖石建筑的典型手法。

然而也有观点指出,在这个莫诺尔中能找到柯布西耶后期代表建筑朗香教堂（La Chapelle de Ronchamp,1955年）与拉图雷特修道院（Convent of La Tourette,1960年）等的痕迹。建筑师富永让（Tominaga Yuzuru,1943—）的观点便是这其中的代表。（《柯布西耶建筑的诗歌》,2003年）

富永让指出,柯布西耶的建筑分为雪铁龙（Citrohan）与莫诺尔两个原型,而莫诺尔的进一步发展促进了柯布西耶后期有机建筑群的创造。

雪铁龙是柯布西耶在1920年发表的住宅规划设计方案（图28）,以当时作为一种新的交通方式、风靡法国的雪铁龙汽车为范本。柯布西耶想要建造与雪铁龙汽车一样能够大规模生产,能够迅速在世界普及的住宅。

一般而言,20世纪的现代主义建筑在从多米诺（1914年）到雪铁龙（1920年）的大规模生产导向型建筑的延伸线上蓬勃发展。从这个意义上讲,我们认为柯布西耶是工业化社会的支持者。然而我认为,被视为异类的莫诺尔体系中,潜藏着巨大的超越代表工业化社会的现代主义建筑的可能性。

而且,莫诺尔实际上是一个孔的建筑。受

图27 莫诺尔住宅（勒·柯布西耶）

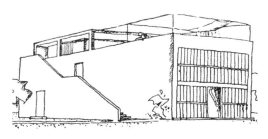

图28 雪铁龙住宅（勒·柯布西耶）

到两侧墙壁的限定，其上有拱券屋顶的莫诺尔的内部空间，俨然是"孔"本身。在莫诺尔中能感受到"住居之爱"，富永让的这一观点，可以说，真正指出了作为孔的莫诺尔的魅力。

被称为巴西利卡的孔

想到莫诺尔与孔，让我们再试着往前追溯，欧洲的教堂建筑有巴西利卡式（图29）与集中式两种原型。

巴西利卡这个词来源于希腊语，原意是"王者之厅"。在罗马，它原本是大都市里作为法庭或者大商场等的有着长方形平面的豪华集会建筑。之后不久，这种纵深很长的长方形平面形式被教堂采用。

提到巴西利卡式教堂，一般而言是指具有典型平面设计特征的教堂：中央是被称为中厅的中心空间，它的两侧有被列柱区分开的侧廊。现代主义运动之前的大多数基督教堂都是这种巴西利卡式教堂。教堂十分重视其空间的纵深，以至于它们的传教士在见到纵深短而横向长的日本寺庙空间之后无比震惊。

通常与巴西利卡式教堂对比的是集中式教堂（图30，平面图）。具有代表性的是梵蒂冈教宗的教堂——圣彼得大教堂。它修建于一处巴西利卡教堂的原址上，启动了象征新时代的教堂的建筑竞赛。一开始布拉曼特（Donato Bramante，1444—1514年）的以希腊十字形为基础的方案被采纳，但之后由于技术与资金上的困难，过程曲折，后历经拉斐尔（Raffaello Santi，1483—1520年）的希腊十字，最终米开朗琪罗（Michelangelo Buonarroti，1475—1564年）的方案被采用。米开朗琪罗从71岁开始到去世，无偿地献身于圣彼得大教堂。最终，教堂基本根据米开朗琪罗的设计构想建成。

相对于巴西利卡式的长方形平面，集中式是一种用教徒的空间环绕祭坛的向心规划。通常情况下，圣彼得大教堂这种把祭坛置于十字交点的平面规划形式经常被采用。不言而喻，各各他山（Golgatha）上被钉上十字架的耶稣的故事与这个十字平面规划设计有着很深的关系。

巴西利卡式与集中式作为基督教堂的两大原型，将教堂建筑分为两种形式。然而，这两种形式都可以通过孔这一空间形式来把握。不用说，巴西利卡式是从入口到内部由平面上穿过的孔，而集中式是从祭坛到上天垂直地穿过的孔。

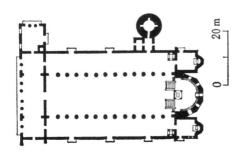

图29 巴西利卡式的教堂平面

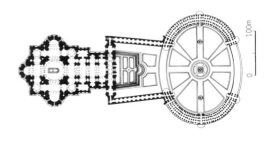

图30 集中式教堂（圣彼得大教堂）

不管以哪种形式存在，基督教堂都是连接这个大地上的现实世界与别的场所的孔。

店屋与四合院

我们也可以使用同样的孔的观点来比较中国两种形式的城市住宅。中国的城市住宅在南方与北方形成鲜明对比。南方的被称为店屋型，开间窄而进深长的住宅沿着街巷排列（图31）。

有一种说法称：因为赋税是按照临街面尺寸征收的，在少纳税的动机下，产生了这种细长的孔的形状。这种店屋的形式在受中华文化圈广泛影响的世界各地都能见到，也成为新加坡、越南河内、胡志明等城市住宅的原型。

即便是京都的町屋，广义上也可以包含在这种店屋形式中。在这种细长的孔形式的情况下，只靠临街的商店前台部分来采光与通风不太可能，往往会在中间位置建造小庭园来改善采光与通风条件。京都的町屋是从这种形式中凝练出来的产物。

在中国北方，许多城市都以被称为四合院的中庭型的住宅为基本要素而形成。通过中庭这个"孔"，中国北方的住宅可以有效地采光与通风（图32）。

我们知道汉族非常尊重上天，天与地如何联系在其文化中占据重要位置。古代的政治也讲究顺应天意，随天意改朝换代的思想。

而比起天的绝对存在，日本的神道更加重视对眼前的里山[1]的信仰。这是相对照的两种文化形式。

还有观点认为：把天视为绝对，自上而下的垂直的文化构造与四合院有着某种意义上的联系。而在日本，村落紧靠里山，村落与居住在里山的神明的关系是平衡的。

北方的垂直文化与南方的水平文化在各方面都形成了鲜明对比。北方文化对天空具有高度的意识，对假想的凤凰的信仰是中国北方文化的特征。这也是为什么意识到天的存在，意

图31 中国南方的店屋

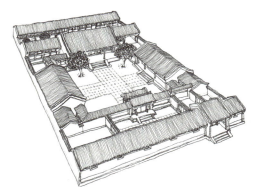

图32 中国北方的四合院

---

1 日文借用，指村落与自然和谐共生的环境。——译者注

识到垂直这件事，接着能自然想象到凤凰在天空中飞翔。在四合院的中庭里，常常饲养着观赏鸟类，这也与北方的垂直指向意识有着很深的联系。

与此同时，中国南方文化的特点是对假想的龙的信仰，而龙又与对水的信仰有着密切的联系。

通过北方中庭这个孔，住宅的采光与通风要求都得到了满足。北京是典型的、把四合院作为基本单位的北方城市，是在被称为胡同的道路空间与四合院的组合过程中诞生的城市。

四合院因在四个方向上分别建造一栋围绕中庭的房屋而得名。前面的胡同与中庭的联系方式被慎重地设计，两者之间建造一面被称为影壁的形似屏风的墙，以避免胡同与中庭直接连接起来。在受中华文化强烈影响的冲绳也存在着相似的建造屏风的传统。在冲绳，我们把这面遮挡视线的墙称作 Hinpun。

此外，围绕中庭的四栋建筑物分别具有各自的名称与功能。我们在北京三里屯地区设计的酒店名为 Opposite House，这是四合院入口处正面那栋"对院"的英文译名。这个酒店把门厅作为中心获得采光的平面规划设计也兼顾到四合院的垂直的形式（图33）。

据说农家的工作空间是四合院的中庭的原型。最初，四合院是一个单独家庭的住宅。在将大家族体系作为基础的中国，家族的规模多样，并常常出现多个四合院连接在一起的情况。连接多个四合院并沿着纵深的方向形成层次体系甚至等级制度的形式也存在着，因此拥有连续中庭的北京紫禁城的形式也基本被视为四合院的复合形态。

进入近代以后，家庭结构发生变化，单身者流入城市，一个四合院被多个家庭共享的案例变得越来越多。此外，四合院的贫民区化的问题也有发生。其结果是，在改善恶化的城市环境的旗号下，很多四合院与胡同街区遗憾地消失了。

我们在北京前门（2016年，图34）的项目，聚焦了四合院与胡同的再生，用不同于常见的塔楼型的开发方式，在保存城市文脉的同时，使环境再生。我们试图通过由小型工作室与咖啡馆等构成的具有人性化尺度的新街道，让北京具有个性的街头文化复活。

图33 （a）"对院"全景

（b）自然采光的门厅

除了四合院，在中国还存在着被称为三合院的住宅形式。四合院是由四栋建筑围绕中庭构成的，与之相对，三合院是只朝一个方向打开中庭，另外三面的三栋建筑物被布置成"U"字形的形式。在气候条件恶劣且防御性要求高的北方，四合院比较常见；在气候相对温和的南方，半开放的三合院则比较常见。

在中国的台湾地区，能见到不少三合院形式的住宅。从与周围环境的联系这点来讲，三合院即使在现代也是一种易于运用的形式。我们也在许多项目（例如，群马县太田市的金山城遗址指导与交流中心、Aore长冈的带屋顶的广场，图35）中实践了三合院的形式。如果把四合院与集中式教堂归为纵向的孔，三合院就是横向的孔，而且与店屋高密度的横向的孔相比，三合院形式更加灵活而自由。

图34 孔：北京前门地区项目中的胡同与四合院的组合

图35 孔：Aore长冈的带屋顶的广场

倾斜

垂直带来割裂

建筑容易朝垂直方向发展。所有的建筑中都潜藏着一定的垂直性。反过来讲，只凭借水平的元素是无法建造建筑的。只有水平的地板与屋顶，不能建成建筑。

我们在地板上立起柱与墙等垂直的元素，从这种行为开始，建筑才得以产生。要在雨、风、光的影响下保护人类弱小的躯体，仅仅有水平的地板是不够的，一些垂直竖立的元素是必要的。

然而，垂直元素对于人类来讲也可能是危险的工具。因为垂直的东西往往将建筑物与场所割裂开。从地面垂直升起的柱子完全是环境中的异物。柱子是与地面割裂的冰冷的物体。

20世纪是摩天大楼的时代，克莱斯勒大厦（1930年，图36）、帝国大厦（1931年，图37）至今依然在视觉上支配着大都市。

垂直升起的墙壁使空间完全割裂开。如果四面都被垂直的墙壁包围，就无可挽救了。这时空间被完全隔离，与周围环境割裂。

反过来说，利用垂直带来的异物感让建筑从环境中脱颖而出的欲望支配了整个20世纪。当建筑物变大时，垂直要素是绝对必要的。这一点也常常困扰着我。

然而，我学习到，通过简单地引入"倾斜"的元素，大地与建筑开始彼此联系。大地与建筑开始产生对话，因为"倾斜"有着神奇的力量。"倾斜"在"水平"之中蕴含着"垂直"。

图36 克莱斯勒大厦

图37 帝国大厦

下降的屋顶，上升的屋顶

因倾斜而拥有良好接续、对话关系的例子在身边随处可见。那就是倾斜的屋顶。发明倾斜屋顶也许是为了将雨水引向大地。雨水顺利地流向大地这件事情本身，已经表达了试图将建筑与大地联系起来的期望。有水这种物质作为媒介，大地与建筑联系起来了。

实际上，倾斜的屋顶也有两种形式。两种形式营造了完全不同的氛围，并潜藏着对照的意境。一种是朝外部下降的斜屋顶，也就是"朝向地面鞠躬的倾斜"，相反，另一种是朝外部上升的斜屋顶，也就是"往上翻卷状的倾斜"。

也许可以说，前者是保护的倾斜，后者是招揽的倾斜。两种倾斜，用各自完全对照的方法，试图将大地与建筑联系在一起。

在观察这两种倾斜的同时，也请注意倾斜的屋檐下面产生的空间。屋檐下还有丰富的倾斜的空间在扩展，定义着建筑与外部空间的关系。特别令人感兴趣的是，朝向地面鞠躬的斜屋顶下面通常隐藏着与之相反方向的招揽状的倾斜。

中国、朝鲜半岛、日本的传统木结构建筑的空间里，往往隐藏着这种招揽状的断面形式（净土寺净土堂，图38；东大寺南大门，图39）。为了支撑屋顶的挑檐所采用的被称为斗拱的木结构，像那些更接近建筑主体的部位一般，集中了大量的构件，很厚实，反倒使前端变得越来越薄，因此屋檐下面产生了向上倾斜的招揽状的断面形式。结果，在这种屋顶形制中，共存着保护状的倾斜与招揽状的倾斜这两种形式。

保护的同时又作招揽状，这是一种可贵的二重性。我认为这两种倾斜的共存是绝不会产生矛盾的。人类是一种希望招揽邀请对方，同时又想尽力保护自己，并为不断平衡这两种感情而活的生物。这种复杂而微妙的感情在亚洲的二重屋顶里得到了完美的诠释。

支撑屋顶挑檐的斗拱，也被称为组物，是东亚木结构建筑中最美丽的部分。斗拱不使用粗大的木材，而是将小的粒子状的建材组合起来，支撑屋顶挑檐，创造出微妙又丰富的屋檐下的空间。

在屋檐的上面，为了引流雨水，设计了向外倾斜的斜面；而在屋檐的下面，为了招揽客人，自然地连接内部与外部，将光线有效引入内部，则设计了反向的斜面，这产生了一种魔

图38 净土寺净土堂的斗拱

图39 东大寺南大门的斗拱

力。适合亚洲气候的这两种倾斜，成为建筑外部与内部之间的重要媒介。

雨与倾斜

东亚建筑十分重视建筑中的倾斜元素，与其多降水的气候条件密不可分。雨促使产生并发展了倾斜文化。倾斜的角度也与雨有很深的关系。

使用防水膜与防水涂料来做屋面防水还只是最近的事情。

在这之前，我们靠堆叠小块的瓦片、石板、木板（图40）等（粒子）来避雨，为建筑做防水。

当然，如果没有一定的斜率，雨水会从粒子的缝隙间流入。屋顶的斜率是根据雨水量、屋顶材料和细节设计等综合因素得出的计算方法来确定的。在此意义上，倾斜的手法与粒子的手法有着密切关联，存在某种相关性。

另外在欧洲，比起倾斜，水平垂直成为构成建筑的基本原则。特别是在少雨的地中海地区，比起有效引流雨水的斜屋顶，水平的地板用垂直的柱子支撑并层层堆叠，在最高一层盖上平屋顶，这种建造体系得到了更大的发展。

法国哲学家笛卡儿（Rene Descartes，1596—1650年）认为世界是基于直角坐标系构成的。因为这个直角坐标系源于笛卡儿，所以也被称为笛卡儿网格（Cartesian Grid）。

西欧建筑，由于西欧降水少的气候条件，在笛卡儿以前的很长一段时间，一直被直角网格支配着。也可以说，正是这种历史情况影响了笛卡儿的思维方式。而在亚洲的哲学与建筑里，并没有多少笛卡儿网格的规律性与普遍性。

出现在20世纪的现代主义建筑基本继承了这种地中海式的垂直、水平体系。基于这一观点，我认为虽然现代主义建筑宣扬国际化等理念，但实际上一点也不国际化，只是一种片面的西欧中心主义。

图40 铺叠小块木板而成的屋顶（银阁寺）

图41 贯通萨伏伊别墅中部的斜坡

柯布西耶与倾斜

勒·柯布西耶的建筑也是对地中海式建筑的正统继承。然而，巧妙地将倾斜的要素引入内部空间，还是能联系起大地与楼上的空间的。他的住宅作品代表萨伏伊别墅的中部设置的象征性的斜坡（图41），就表现了柯布西耶娴熟运用倾斜要素的技巧。

同样，在柯布西耶的后期代表作拉图雷特修道院（1960年，图42）中，来自建筑周围的倾斜大地的魄力，已经成为作品的一个重要主题。仿佛要抵消地面倾斜一样，通过相反方向上的有坡度的廊道，强调了室外地面的倾斜，开启了大地与建筑之间富有张力的对话。

早期的柯布西耶是一个遵从垂直与水平的人，但在他的后期作品中，比如拉图雷特修道院，倾斜的要素变得重要起来。同样在作为他后期代表作的朗香教堂（1955年，图43）中，招揽状的倾斜的檐下空间被创造出来了。

对于萨伏伊别墅，如何与大地割裂开是其主题，但对于后期的朗香教堂，如何让大地与建筑联系起来成为主题，因此倾斜要素的设计被娴熟地运用。柯布西耶从早期钟情抽象的白色壁面，过渡到后期青睐石材与粗犷壁面等天然材料，风格发生了重大转变。这源于倾斜要素与天然材料之间的和谐关系。

从倾斜到解构主义

后来法国建筑师克劳德·巴夯（Claude Parent，1923—2016年）和理论家保罗·维利里奥（Paul Virilio，1932—2018年）的二重唱进一步发展了柯布西耶后期的倾斜意向。

我认为在20世纪的建筑界有两场革命。一场是柯布西耶引领的垂直的革命，另一场是巴夯与维利里奥引领的倾斜的革命。巴夯与维利里奥的工作正是如此重要。

他们于1966年出版了《建筑原理》(Architecture Principle，1966—1996年)杂志，并一个接一个地发表对倾斜的设计思考。请注意1966这个年份。那正是巴黎五月风暴（1968年）的前夕。五月风暴是一场震撼20世纪下半期的政治与文化运动。

在五月风暴中，学生与工人联合了起来，而学习建筑的学生在其中发挥了重要作用。与巴黎五月风暴所瞄准的事物相同的精神也存在

图42 拉图雷特修道院的斜坡回廊

图43 朗香教堂倾斜的檐下空间

《场所原论Ⅱ》的目标

于巴夯与维利里奥倾斜的思想中。

倾斜在法语里面被称为"Oblique"。在巴夯与维利里奥提倡建筑里的倾斜的价值之后,"Oblique"成为现代建筑的核心概念之一。他们设计了许多以倾斜为主题的建筑,并发表了那些设计原稿与图纸。

然而,与实际作品和设计图纸相比,他们的文字对建筑界产生了更加重大的影响。他们的 vivre a l'oblique 一书,不仅指出了倾斜的形式,而且是一个用一句话表达他们基本思想立场的非常出色的口号。

巴夯与维利里奥归纳说,乡村、农业等的原理是水平的;而城市、工业等的原理是垂直的。他们也预言,脱工业化社会需要的建筑,既不是水平的,也不是垂直的,而是倾斜的。我认为仅通过水平要素无法保护人类的身体,这也受到了他们思想的巨大影响。

在20世纪80年代后期后现代主义建筑运动之后,解构主义兴起。解构主义的建筑与倾斜有很深的关系。解构主义的建筑受到解构主义哲学的巨大影响。解构主义哲学是以让源自希腊时期的传统哲学"向倾斜转移"为目标而提出的"倾斜的思想"。

"不是简单地否定真理,而是揭示真理自身的不可能性"——在此意义上,被称为解构主义哲学之父的雅克·德里达(Jacques Derrida,1930—2004年)是"倾斜的思想"的倡导者。他谈到真理的不可能性的代表作《声音与现象》(*La Voix et le phenomene*,1967年),与巴夯与维利里奥的《建筑原理》、1968年的五月风暴一起分享着变革的时代。

可以说,20世纪后半期的建筑师或多或少都受到了"倾斜的思想"的影响。在柯布西耶之后的法国,建筑师让·努维尔(Jean Nouvel,1945—)从最初的住宅与蓬皮杜艺术中心竞赛方案(1971年,图44)始终追求着倾斜要素。他也被称为最重要的建筑师。据说他实际上在巴夯的事务所学习过,承担过一些来自巴夯的工作任务。努维尔说,巴夯与维利里奥才是"自己真正的学校"。

被称为20世纪后期先锋建筑师的雷姆·库哈斯(1944—)也很喜欢倾斜。在图苏大

图44 蓬皮杜艺术中心建筑竞赛方案(1971年):让·努维尔

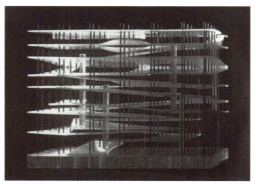

图45 图苏大学图书馆竞赛方案的模型照片

学的图书馆竞赛方案中，所有楼板都是倾斜的，惊艳了整个世界（图 45）。在西雅图的图书馆中，不仅地板是倾斜的，而且通过对整个建筑物外墙的倾斜处理，彻底贯彻了倾斜的思想。

1988 年，MoMA（现代艺术博物馆）举办了"解构主义建筑展"，也可以说它是一场总结倾斜建筑的大型活动。展览的主角是弗兰克·盖里（Frank Gehry, 1929— ）、扎哈·哈迪德（Zaha Hadid, 1950—2016 年）、丹尼尔·李博斯金（Daniel Libeskind, 1946— ）等设计的大量使用倾斜元素的建筑群。图 46 所示的柏林犹太博物馆是李博斯金于 2001 年设计的。

确实是倾斜的。然而，解构主义建筑师常用的倾斜元素不是为了联系大地与建筑，而看起来像是为了让建筑与其他建筑区别开而勉强赋予建筑的个性。

倾斜像一种堕落的风格，让我感到失望。

我所思考的"倾斜的建筑"与这种风格化的建筑完全相反。那是为了再次联系建筑与大地，使建筑融入场所而必需的倾斜。在本书中，我收集了许多这样的例子。

小堀远州的倾斜

当讨论倾斜作为一个空间而非形式时，不能忽略一个人的存在，那便是江户初期作为茶道师的幕府重臣（作事奉行，是建筑和维护城堡方面的最高职务）小堀远州（Kobori Enshuu, 1579—1647 年）。远州师从千利休（日本茶道鼻祖和集大成者）的弟子古田织部（1543—1615 年），是德川家的茶道师，后来创造出远州派的独特的茶道礼仪。

此外，作为作事奉行（江户时代江户幕府和诸藩的职务之一），他领导了仙洞御所、二条城（图 47）、名古屋城等庭院、建筑的设计，为后世留下了美妙的庭院与建筑。甚至在有段时期内桂离宫也被当作远州的作品，但现在普遍认为两者没有直接关系。

我之前提到过，东亚建筑的本质是在断面规划设计中大量使用倾斜元素，联系大地与建筑，但远州是在平面规划设计中运用倾斜元素的大师。他创造了沏茶时火箸（夹炭火的金属筷子）沿对角线放置的被称为"筋悬"的方法。

图 46 柏林犹太博物馆的立面

图 47 二条城二之丸的御殿之庭

另外,茶巾沿对角线叠起来的礼仪也是远州派的特征。

在建筑设计方面,远州也在平面规划设计中巧妙地使用倾斜要素。在因国宝蜜庵席而著名的大德寺龙光院的庭院中布置了自然石、步石(旱汀步,图48),在步石正交的角部远州导入了倾斜的元素,实现了看似不经意的平滑流线。从21世纪我们的角度来看,这也是一种让人放松的新颖设计。

小堀远州的斜线爱好也经常被解释为与其政治立场有着某种联系。他在有着江户幕府资深政治家的立场,同时也同与幕府对立的后水尾上皇(1596—1680年,退位后的天皇)非常亲近。这是因为在武家与皇室之间,江户与京都之间,远州把调和这两方对立的文化当作自己的使命。

如前所述,巴夯与维利里奥试图用斜线调和农业的产物与工业的产物。在从工业社会向后工业化社会过渡的微妙时期,巴夯与维利里奥的倾斜的建筑登场了。

我想,远州也以同样的方式,试图用斜线调和皇室(纵深与层级体系的世界)与武家(以能力决定胜负的水平的平面的世界)。远州也站在了时代的边界上。

可以说,我们现在也正面对着类似远州面对的两难困境。工业化的垂直系统正在逐渐被网络化的、水平的、没有层次体系、没有等级制度的系统所取代。

在那个过渡时期,远州式的倾斜的手法注定会发挥重要作用。

图48 大德寺龙光院的石铺小道

时间

场所与地灵

倾斜、孔、粒子这些方法中的任何一个都能让建筑与场所有效地联系起来。然而，事实上有一种更可靠的方式，那就是利用时间。因为首先场所是时间积累的结果。经过很长的时间积累，场所才能确立。

如果只有大地，是不能称其为场所的。花费充足的时间，大地才转变为场所。大地与场所因时间而合二为一。

经过长时间才确立的场所具有特别的恩惠与独特的力量。在欧洲，这种力量被习惯性地称为地灵（Genius Loci，罗马神话中守护土地的精灵）。

Genius Loci 的词源是罗马帝国的词语，但在 18 世纪的英国，地灵的概念又再一次受到关注。

18 世纪的英国正处于工业革命时期。英国是工业革命的中心。这时，在远超人力的被称为工业的前所未闻的巨大力量面前，人类开始感觉到无法言说的不安，于是产生了希望将自身与大地紧密联系起来的强烈愿望。价值取向逐渐从法国式的几何庭院（图 49）转移到注重自然原始景观的英国式庭院或风景式庭园（图 50）。

在设计英国式庭院时，地灵这个词开始被广泛使用。不同的场所有着不同的地灵，在尊重地灵的基础上建造庭院很重要，这种想法在工业革命的中心地英国出现了。

关注这种地灵想法的有我的一位恩师，东京大学的铃木博之教授（1945—2014 年，《保存原论》（图 51）的作者）。

铃木老师关注英国 19 世纪的建筑，研究了以威廉·莫里斯（William Morris，1834—1896 年）与约翰·罗斯金（John Ruskin，

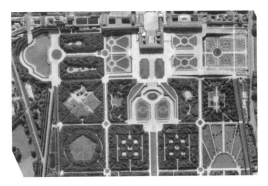

图 49 法国式庭院

图 50 英国式庭院

1819—1900年）等为中心的工艺美术运动。他发现地灵的想法深深根植于工艺美术运动的中心。

工艺美术运动并不是简单的工艺的复兴，而是一场试图夺回流淌于手工艺的时间的运动。时间，雕琢了手工艺人，也雕琢了作品，最终造就了有魅力的艺术品。这是工艺美术运动的主张。

自20世纪80年代以来，以铃木先生为中心的建筑保护的理念也在日本扎根。在第二次世界大战后的日本，废旧立新被认为是好事。大家确信废旧立新能带来经济的高速增长。"建了就拆"这种粗制滥造的建筑把城市破坏了，也完全没有留下积累时间的余地。

铃木先生警告过这种情况，最终日本重视历史建筑的保护与修复的时代到来了。20世纪90年代泡沫经济崩溃之后，日本终于真正迎来了这样的时代。正如英国在19世纪末催生了工艺美术运动，日本在20世纪末对快速发展的反省催生了建筑保护的运动。

材料与时间

把时间作为媒介来联系场所与建筑的方法主要有两种。一种方法是如字面意思的建筑保护。它帮助继承至今积累的时间，进一步强化场所与建筑的联系。

另一种方法是利用那个场所长期使用的材料，以及经过长时间发展的传统技术。这正是莫里斯与罗斯金倡导的工艺美术运动的方法。

工艺美术运动试图借助这种方法来对抗大规模生产体制的低成本与速度，但时机太糟糕了（图52）。

19世纪末，时代以令人惊惧的势头朝大量生产的方向狂奔。基于大规模生产体制的美国的时代即将开始。

但是现在，我们处于与当时完全不同的情形中。自工业化社会的终结被指出以来，已经过去很长一段时间了。大规模生产体制制造的统一的商品，最终无法让人们得到幸福。20世纪的快速发展，在人口爆炸的阴霾里，少子高龄化的低速发展的社会浮出水面。死亡率超

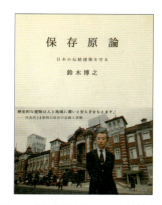

图51 《保存原论》（日文版封面）

图52 红屋：威廉·莫里斯＋菲利普·韦伯（1859年）

过出生率，人口开始减少。让这个成熟的社会与逐渐减少的人实实在在地得到幸福，需要可靠的建筑。

事实上，正是现在，工艺美术运动应该发起挑战，迎接复活。一个提倡与场所密切联系、基于事物创造本身的新形式的社会系统的绝好时机到来了。如果能在建筑中复活那些能与场所融为一体的材料与技术，就太好了。

通过这样做，建筑能为构筑这个成熟社会的新社会系统做出巨大贡献。

老化的材料

当我们尝试把时间还给建筑的时候，不应该忘记的另一点是，建筑在完成后所经历的时间。我有这样的记忆。在设计"食品与农业博物馆"（东京农业大学，2004年，图53）时，当时的进士五十八校长拜托我"请使用会很好地随时间慢慢老化的建筑材料"。因为我从来没有接受过这样的委托，所以当时我从心底感到惊讶。

普通客户通常强调"请使用绝对不会改变颜色与质感的材料"。就算有时想在室内使用木材，也有不少不使用真木材的例子。即使在没有暴露于雨中、风里及日光下的室内，木材也会一点一点地变色，会有小小的划痕。为避免这种情况，即使在室内也采用印有木纹的氯乙烯片材，而这在日本很常见。

建筑建成以后恒久不老化、长久如新的想法，是把光滑又有光泽定义为"好"的工业化社会特有的疾病一般的东西。就算木材只有一点变色，也担心被老板训斥"次品，退货"的总务部的人，绝不尝试使用真正的木材。

因为我总是遇见这样的客户，所以我被进士先生的话震惊了。进士先生是一位植物专家。他说道："不变老的生物在我们的生物世界里被称为妖怪。"

在与进士先生交涉的过程中，我们积极使用了会老化的建筑材料。我们使用了许多真正的木材，外墙则采用一种栃木县那须产的叫芦野石的安山岩。芦野石因具有一定的吸附性，

图53 东京农业大学 / 食品与农业博物馆

《场所原论 II》的目标

颜色会随时间一点一点地变化，而且当它作为庭院石使用时，上面还能生长苔藓，是一种给人温柔感的石头。

最近在建的建筑在使用石材时，我几乎都会选择花岗岩。花岗岩具有高硬度和低吸水性，并耐酸腐蚀，过多久其外观都不会变。从总务部的角度看，这是能够安心使用的石材。

然而，坚硬不吸水而不会改变颜色的特质意味着拒人千里之外的冷漠。我听美术相关从业者说"人们不会来用花岗岩建成的美术馆"这种话。也许是因为人们不愿接近不老的怪物吧！

在这件事之后，我在为父亲修筑坟墓时使用了芦野石（图 54 和图 55）。我想制造一个尽可能不明显的低矮的墓，而不是修造称作墓石的"塔"，于是最终有了这种形式。同时为了放置花与香火，还稍微做了小隔断。

芦野石这种材料是"被动的"，坟墓的形状也是"被动的"。我就想做出随着时间流逝，越来越融于周围环境的墓。

在本书中，我提出了"粒子""孔""倾斜"与"时间"四种具体方法。为了能让大家深入理解这些方法，我将用我实际参与过的项目来说明这四种方法是如何被运用与展开的。

关于场所的讨论，不放到各种具体的场所里是没有意义的。而且，也希望大家尽可能在阅读完本书后实地访问这些项目。

从上观察并讨论建筑的时代已经结束。这是一个到实地漫步，从下观察并讨论建筑的时代。如果试图从下方彻底审视建筑，我们只能去实地参观散步。我们必须试着踩到那块地板，触碰那面墙壁。

这样，我们将可以看到建筑的本质。我们将能超越只通过影像与图片来理解的近代建筑。本书便是达到这种目的一个启示。

图 54 父亲之墓

图 55 父亲之墓的细节

收录案例

粒子
×3

———

孔
×3

———

倾斜
×9

———

时间
×4

———

收录案例

粒子

Starbucks
太宰府天满宫参道店

用小径木创造人性化的里山木造

这是建在太宰府天满宫的参道这个特殊场所的咖啡店。

通过组合细木料来建造抗震性高的精细结构是日本传统建筑的手法。日本的木匠改良出了一种可以应对任何规划与任何形式的、只使用横截面尺寸约 10 cm 的细木料的灵活系统。这种细木料被称为小径木。

这个项目的目标是利用这个日本传统的系统创造出现代、轻盈且充满活力的空间。而我把这个木料做得更细了。像编绳一般组合起截面 6 cm×6 cm 的非常细的木料，挑战创造传统木结构建筑里没有的、像云一样的精妙的空间。而且，我想要尽可能地让这些"粒子化"的木结构暴露出来，让人接触感受它。

使用细小的材料是日本的木结构建筑从很久以前就采用的方法。因为山很陡峭，在古代很难砍伐与运输在深山中生长的大树。日本木

入口一侧玻璃内外的座席

从参道看店铺的入口

结构建筑基本都使用村庄附近的山上的木料。可以称之为"里山木造"[1]。在里山同时进行采伐与造林，日本从古代就很重视森林的自然循环规律。占国土面积近七成的森林被保存下来的秘密就在这个"里山木造"里。

一根木料的长度是3米，这是日本里山木造的基本。如果太长，就不便运输。无论用作设计还是用作生产系统，里山木造是一项能夸耀于世的技术。

在这个星巴克项目中，我们使用了2000

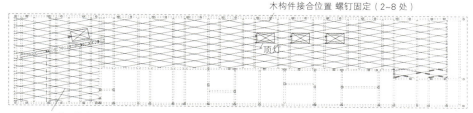

木构件接合位置 螺钉固定（2~8处）

顶灯

天花：构造用胶合板 厚24 高压水泥木丝板 厚15

天花平面图

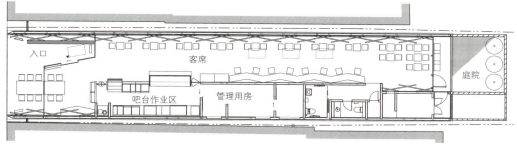

入口　客席　吧台作业区　管理用房　庭院

平面图

店铺内木构件

1 日语"里山"中"里"为聚落村庄之意。——译者注

收录案例

根木料，总长度达到 4000 m。而且，这些细木材是用来支撑建筑的结构部件。通过组合大量的细木材，以"众人的力量"支撑起建筑物，是里山木造的基本哲学。你也可以称之为云状的结构系统。这个云状系统比起用粗大建材组成的框架系统，能发挥更良好的抗震性能。

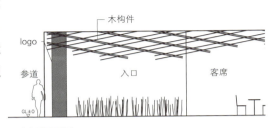

剖面展开图

倾斜的云

此外，在这个项目中，我们在"云"里加入了"倾斜"的元素。在此之前，我们以正交木料的网格结构为基础，制作了称为"千鸟"（一种日本传统纹饰）的云。在这个星巴克项目中，我们舍弃了正交网格，引入了倾斜元素，试图使这朵云更具动态感与流动性。

因为店铺的临街入口窄，纵深很大，像鳗鱼睡觉的床，我认为用倾斜的元素能赋予空间流动性，诱导客人进入里面。倾斜这种手法也可以有这样的应用。实际上，我们同时设计了椅子和沙发，并在它们上面运用了许多倾斜的元素。

日本的室内空间往往窄小，没有什么余地，但即便如此，也可以成功使用倾斜的手法而使空间不枯燥无聊，从而吸引人。倾斜的屋顶、屋檐等各种倾斜元素，赋予了空间流动性与动态感，就算空间很窄也可以使人有不错的体验。

从店内看入口

木构件

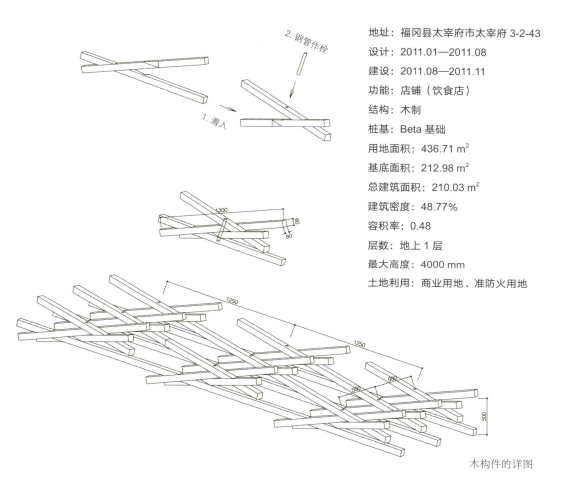

地址：福冈县太宰府市太宰府 3-2-43

设计：2011.01—2011.08

建设：2011.08—2011.11

功能：店铺（饮食店）

结构：木制

桩基：Beta 基础

用地面积：436.71 m²

基底面积：212.98 m²

总建筑面积：210.03 m²

建筑密度：48.77%

容积率：0.48

层数：地上 1 层

最大高度：4000 mm

土地利用：商业用地、准防火用地

木构件的详图

木构件与客席

收录案例

丰岛 Eco-museum Town

复合的智慧

这是一种在区政府上面建造商品房的新型复合建筑。

通过复合多种功能来催生新价值的尝试是这个世界的新潮流。

20世纪的城市规划的规则是差异化与功能分区,即一块用地只有一种功能。比如把工厂与住宅分到不同的地块,保护住宅不受噪声、公害的影响。

在工业化社会中,这样的规则是必要的,但雅各布斯提倡我们无视这种规则,复合不同功能,让不同活动时间段的人们聚到一起,让建筑与街道随时充满活力。

居住区的白天行人很少,与之相反,办公集中地区的夜间又变得死气沉沉,像鬼城一般。而功能复合能够解决这个问题。在此项目中,白天充满活力的区政府与居民的住房复合在一起,加上服务双方的必要的商业设施,实现了雅各布斯的提案。

此外,该复合还催生出经济效益。因区政府与住宅楼的复合,区政府不用负担建筑物的建设费用。地区所有的土地权属的一部分被出售给商品房一方,这笔钱就能够用作区政府的建设费用。现在,全世界的地方政府都或多或少地受困于财政紧张。像这样的复合智慧想必最终会变得很有必要吧!

因这种复合,丰岛区政府上面的住宅也能使居民安全放心。在日本,因为区政府需要具备作为灾害时的防灾据点的功能,所以它有高于普通抗震标准的抗震性能。而它上面的住宅

区位图

异质的综合体

也相应具有同样的高抗震性能。

此外,由于作为防灾救援据点的区政府就在楼下,一旦遇到灾害,就能方便利用这个据点,获得区公务员的支持。这种令人感觉安全放心的复合想法得到了居民的高度评价,致使住房部分在当天就销售一空。

融合的 Eco-veil 设计

"复合"催生了经济效益,但复合的设计并没有这么简单。这种底层布置商业与办公用房,上层布置公寓住宅的设计被称为"穿木屐的大楼",通常得不到好的评价,甚至有被称作"墓碑大厦"的时候。在大石头的上面立起细的柱状石头,与日本典型的墓石很相似。两者都是对这种复合的不自然感的调侃。

在此项目中,我们试图用更加平滑的形式整合政府与其他不同的功能。那时,我们使用了两种方法。其中一种就是统一"粒子"的大小。

建筑物的外立面由粒子构成。在欧洲的石头建筑中,一块石头就是基本粒子。因为搬运与加工的方便程度决定了石头的大小,所以整条街的建筑都由基本相同尺寸的粒子构成,街道景观的和谐性被保持下来。而在日本,如前所述,因为建筑木料的长度与粗细大概统一,街道景观也很和谐。

从陡峭的日本山地采伐并运出巨大的木料很困难,所以自古就用小径木(截面尺寸小的木料)巧妙地组合,以应对复杂的规划设计,这是日式的做法。把截面尺寸 10 cm 左右,长度 3 m 左右的木料作为基本粒子,几乎能造出日本所有的建筑。在日本,无论大型公共建筑还是小的住宅,它们的粒子的尺寸没有多大差别。

20 世界混凝土开始被广泛应用于建筑,上述粒子作为基础形成的和谐被完全破坏。为了能够回到从前那样,我们再次关注这种粒子,设计了所有项目的立面。

在此项目中,我们非常辛苦地统一了高层

用柔软的表皮覆盖建筑来消除异质复合的不自然感

住宅部分与区政府总部部分的粒子的尺寸。首先，高层住宅部分，把露台扶手纵向分出了许多小节，分别使用不同的材料，统一了基本粒子的尺寸。

然后把由此获得的基本尺寸，平滑地覆盖底层的政府用房部分。覆盖底层的区政府用房部分的粒子有植栽、再生木材与光伏板三种不同的材料。

光伏板不仅用于底层政府用房部分，也用于高层住宅的扶手部分。各种材料之间有微妙的不同，但因为统一了尺寸，所以包含塔楼的整体都呈现出令人舒适的统一感。

我把这些粒子命名为Eco-veil，因为植栽与光伏板具有很高的环境性能。它们呈现出一种大树被树叶赏心悦目地覆盖着的意象。我一直希望建造像树木一样的建筑。因为在此项目中发现并运用了Eco-veil，我离这个梦想更近了一步。

另一点让我绞尽脑汁的是，如何让底层政府用房部分与高层住宅部分不像墓石一样上下分离，如何用柔软的表皮覆盖它们，并让它们成为一体？试图借此消解"复合"的不自然感。

为了达到这个目标，"倾斜"的手法派上了用场。首先，把底层区政府用房的立面做成斜壁，这样让基底大的底层部分平滑接上基底小的高层住宅部分。在欧洲的古典建筑与以之为参考的20世纪30年代末的美国超高层建筑中，在裙房上安放塔楼这样的墓石类型有很多案例（帝国大厦，由Shreve, Lamb & Harmon设计，1931年）。之后这种形式遭到批判，自1930年以来的现代主义建筑，都避免做大底层部分，统一塔楼与裙房的基底，变成单一形态的物体（西格拉姆大厦，由路德维希·密斯·凡·德罗，菲利普·约翰逊设计，1958年）。由此出现的"独石柱"甚至在电影《2001年太空漫游》中登场了。然而，独石柱型的底层部分与街道衔接的部分往往会变

垂直花园"丰岛之森"

得平淡无味。

在这被称为纽约花园大道上的玻璃超高层杰作西格拉姆大厦项目中，密斯为了实现独石柱型的最小化，把设有餐厅的底层部分移到了大厦的后侧。无论如何他也想让人们从前面的公园大道看出这栋楼是一枝独秀。

采用裙型

应该被称为裙型的丰岛区政府项目的解决方案与墓石型、独石柱型都不同，是第三种类型。

因采用了这种裙型，Eco-veil 与建筑的室内空间之间存在被表皮保护着的中间地带。我们称之为"丰岛之森"，并将它作为垂直花园来设计。

我们在这个"丰岛之森"中再现了城市化之前的丰岛区的自然——绿荫与在小河里生息的动植物。这里是向市民开放的，所以也是一个能让小孩子亲近大自然的场所。"丰岛之森"从十层开始，循环水也从十层流下来，在水里甚至还有鱼儿在游泳。

柯布西耶曾试图通过屋顶花园将自然带回到城市里，但屋顶的绿化与大地割裂开了，没有形成绿化的连续性。屋顶花园成为居住在那里的人们的私人花园，很难成为市民的公共开放绿地。我们提出的垂直花园方案是一种将大地立体化的绿化，实现包括壁面绿化的绿色一体化的新尝试。我们可以通过"丰岛之森"获得与大地的绿色相连的具体方法。

帝国大厦　　　　　　西格拉姆大厦

丰岛之森立体的群落生境

地址：东京都丰岛区南池袋 2-45

设计：2009.09—2012.01

建设：2012.02—2015.03

主要功能：区政府办公室、住宅、办公、店铺、停车场

结构：中间免震结构、钢筋混凝土（高强度混凝土 f_c=140 N/mm^2）、钢架结构、部分钢架钢筋混凝土、地下逆打方法制高强度预铸构心柱

桩基：现场制混凝土扩底桩

用地面积：8324.91 m^2

基底面积：5319.74 m^2

总建筑面积：94 681.84 m^2

建筑密度：63.9%

容积率：7.91

层数：地上 49 层，地下 3 层，塔屋 2 层

最大高度：189 000 mm

土地利用：第一类居住用地、防火地域、南池袋二丁目 A 地区地区规划（日本城市规划体系中的个别重点街区的细分规划）

剖面图

收录案例

北京茶室

聚乙烯砌块的 DIY 住宅

我们在故宫东门前的一个特殊场地上,用聚乙烯砌块(polyethylene block)建造了一栋小房子。

我们从 2008 年开始,多次尝试了用聚乙烯砌块来做建筑。先是 Milano Salone's Water Block(2007 年,照片),接着是为纽约现代艺术博物馆的 Home Delivery 展(2008 年,海报)做的 Water Branch House(照片)。

启发我们的是施工现场移动式的用作路障的聚乙烯罐。搬运的时候把里面的水倒掉,固定的时候再往里面注水让它变重,我对这种做法很感兴趣。我想不出还有其他能够自由改变重量的建筑材料。

把气体作为材料的膜建筑有很多,但把液体

Milano Salone's Water Block 2007 年

Home Delivery 展 2008 年海报

画廊之间的 Water Branch House

048 / 049

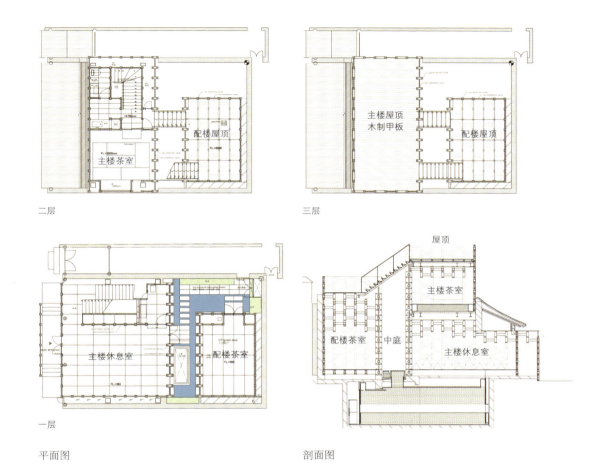

二层

三层

一层

平面图

剖面图

北京茶室的外观

作为材料的建筑素材也许只有这种施工用的聚乙烯罐吧！以液体建筑的想法为基础，我们试图建造出个人也能随意组合叠砌的移动式建筑。

此项目是现代主义建筑的终极形式。柯布西耶的多米诺体系里面也潜藏着DIY的意图，美国设计师、建筑师查尔斯·埃姆斯（Charles Eames，1907—1978年）位于洛杉矶的山丘上的自宅（Eames House，1949年）便是一种无限接近DIY的住宅。它由当时美国建材市场上传统规格的素材装配搭建而成。而我们的聚乙烯砌块的住宅是更进一步的尝试。

在画廊之间建造的这个实验性建筑（照片）中，我们连接了所有聚乙烯砌块，并让水流在其中循环，使建筑的墙壁、地板，以及屋顶都有水流。这也是一次整合给排水系统与建筑主体结构的尝试。

在通常的建筑中，首先要构建框架结构，再在其上填充墙面等，接着在狭小的地方设置设备与管道。结构、设计与设备各自分离，被纵向地割裂开。而在此项目中，砌块中的流水能够起到保温与降温的作用。这是一个试图打破前述纵向割裂的雄心勃勃的房屋实验。

现代砖房

在北京，我们试图进一步优化这种聚乙烯砌块，建造非临时建筑。我们把聚乙烯砌块组合起来，并对它们之间的衔接处做了特别的防水处理，让其能够经受北京的严峻气候，获得良好的隔热性能（细部图）。

北京的传统建筑大量使用了低温烧制的黑色砖块。黑色砖块这种基本粒子的尺寸，给这个巨大的城市带来了具有人性化的尺度的粒子特有的安心感与亲切感。粒子是连接城镇街巷与人的媒介。无论是由石头砌筑的街巷还是由砖块砌筑的街巷，或者是由木头建造的街巷，都具有独特的粒子感，联系着城镇与我们。

然而，20世纪的混凝土街巷，失去了粒

从屋顶看故宫

子感，失去了亲密感。这个聚乙烯砌块的房子，是对北京街头不断消失的粒子的致敬，是对 20 世纪之后逐渐消失的所有粒子的致敬。

用聚乙烯砌块还能获得特别的光效。在日本，人们用障子（日式推拉门）来获得半透明的光效。在中国苏州等南方城市，也有很多用丝绸打造同样光效的案例。而北京的茶室，其结构本身已经获得了这样的光效。

在用砖块砌筑的厚实的让人安心的墙壁上，搭接瓦屋顶是中国传统建筑的做法。瓦片当然也是粒子。我们用透光的聚乙烯砌块代替石块与砖块，再在它们上面搭接瓦屋顶，由此创造了与邻接的传统民房之间不可思议的和谐。

地址：中国北京
设计：2010.01—2012.12
建设：2013.01—2014.12
功能：会员制茶室、会所
结构：地上，聚乙烯砌块砌筑＋钢架构造；地下，钢筋混凝土
桩基：Beta 基础
用地面积：137 m^2
基底面积：92 m^2
总建筑面积：141 m^2
建筑密度：67%
容积率：1.03
层数：地上 2 层
最大高度：9620 mm
地域：北京紫禁城东华门

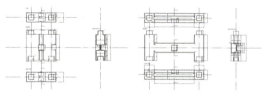
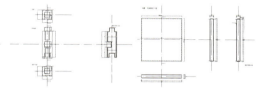

聚乙烯砌块的组件

休息室内部　　　　　　　　　　　茶室天花的聚乙烯砌块

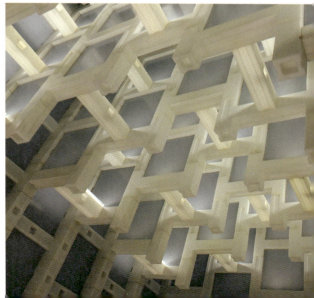

收录案例

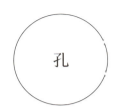

贝桑松艺术文化中心

通过孔连接城镇与河流

贝桑松，是靠近瑞士边境的法国东部城市，因24岁的小泽征尔曾经在此赢得国际指挥家大赛的最高奖（1959年）而为日本人所知，是地域文化的据点。

这个由音乐厅、现代美术馆、音乐学院组成的复合文化设施被命名为艺术城市（cite des arts）。为了颠覆巴黎中心的法国单极文化的局面，法国政府在1982年启动繁荣地方文化的项目，而此项目便是FRAC（Fonds régional d'art contemporain）的其中一个据点。

基地位于流经城市中心的Doubs河的河岸上的一块狭长土地上，是一个20世纪30年代建成的砖砌仓库的废墟。遗憾的是，街道与河岸并无联系，人们没法接近河岸。

于是我们设想新的文化设施为一个"孔"。我们试图通过这个"孔"重新连接街道与河岸。穿过这个"孔"，人们就能到达河岸的步行道。所以步行道也作为我们设计的一部分被一同建造了。

具体来说，保留原有砖砌仓库，并在其上架设唐松（一种松树）木构建的大屋顶，建造被屋顶与现存仓库包围起来的孔一样的空间。我们还试图延续时间流逝在这座仓库上留下的痕迹，包括保留旧仓库墙面上的涂鸦。我们考虑，在涂鸦等的保留方面，让时间成为我们的朋友，从而使场所与新建部分更加紧密地联系起来。有关这个涂鸦的存废问题，我们与市民讨论了多次。

我们尝试了在各个不同的地方，用孔的方法连接街巷与自然。在广重美术馆、维多利亚·阿尔伯特美术馆苏格兰分馆（2018年）

Doubs河沿岸的步行道与表情丰富的贝桑松艺术文化中心

等项目中也以同样的方式，以连接街巷与自然为目标，在城镇街巷与自然（山、水）的边界处建造了孔。在此意义上，我认为这一系列的建筑都是现代版的鸟居（神社、名山等入口处区分神界与人界的门）。通过鸟居这个孔，日本人将城镇与自然很好地连接起来，设计了人与自然之间紧密的关系。

树荫空间

我们还在包围这个孔的屋顶与壁面上开了许多小孔。通过从这些小孔射入的光，我们实现了森林中一般的光效：阳光从树叶的空隙中投射过来，产生了星星点点的光影。

居民把这个空间作为日常的步行道来使用，在城镇与河流之间产生了新的环游性。曾经谁都不愿接近的被遗弃的街边空地变成了城镇里最有魅力的步行空间。

城市步行空间的再生是21世纪城市设计

Komorebi（光斑）空间的走廊

连接城镇与Doubs河的"孔"

收录案例

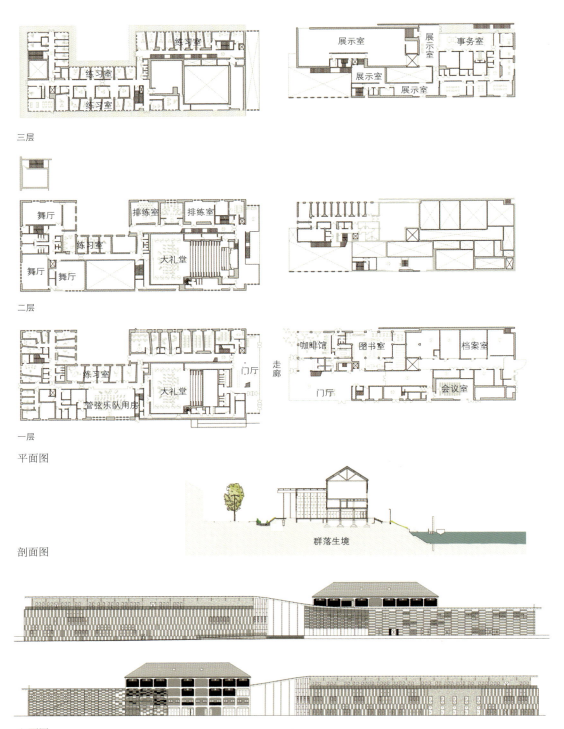

的最大主题之一。我们试图通过建造建筑、再设计其周边的步行空间，促使城镇街巷再生。

街道与遮檐

我们通过把河水引入建筑与街道之间，创造了一个生物群落，鱼、昆虫与鸟都聚集到这里。尽管这块中间地域是建筑与城镇之间最重要的连接点，但是建筑师往往会忽视此处的设计。相反，我们把最多的精力都放在了这里。建筑向外伸出巨大的屋檐，使人们可以沿着这个生物群落的一侧漫步。我们也在此屋檐上开了许多小孔，使它成为一片能够感觉像是阳光透过树叶的空间。

回顾人类历史，人类最初生活在森林中。也许当处于阳光透过树叶般的空间中时，基因里的那份记忆才会苏醒，让我们变得平静又舒畅。

遮檐、鸟居、Komorebi如果只应用在日本，实在可惜，因为这些都是适用于全世界的日本城市设计手法。

地址：法国贝桑松
设计：2007.06—2010.01
建设：2010.01—2013.03
功能：公立当代艺术博物馆、市立音乐学院
结构：钢筋混凝土、部分钢架构造与木结构
桩基：带状基础、桩
用地面积：20 603 m²
基底面积：6529 m²
总建筑面积：11 389 m²
建筑密度：31.69%
容积率：0.55
层数：地上3层
最大高度：19 800 mm
其他：沿河，指定历史保护建筑

Komorebi（光斑）空间

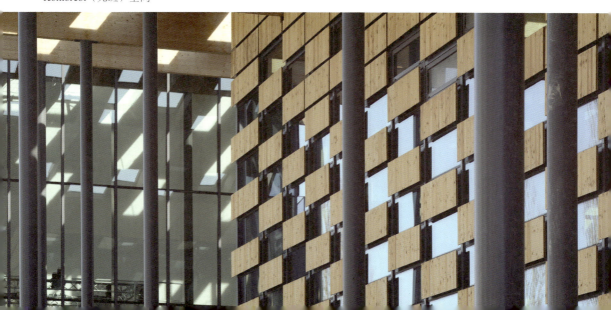

收录案例

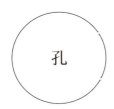

Aore 长冈

用中土间（Nakadoma）来联系

全世界的地方城市都面临着中心城区空洞化的问题。20世纪的机动化摧毁了这些中心城区。购物中心与公共建筑等都搬到了郊区，没有人去城镇中心购物，大量店铺关门，停止营业。

在从东京出发乘坐新干线2小时车程的长冈市，位于郊外的市政府移回市中心，并在其中建造了被称为中土间的带屋顶的广场，试图解决城中心空洞化的问题。新的市政府通过带屋顶的步行道与新干线长冈站连接，每年有100余万人到访市政府或通过市政府到达街巷内，大大改变了长冈市的人流。对于人口不到30万的长冈市，没有人预料到会有这么多人聚集到市政府。

人们向"孔"聚集的案例／长冈 Aore

在长冈市的新市政府中央，我们建了一个叫作中土间的带屋顶的孔。

对于日本农家来说，土间[1]是一个非常重要的空间。这是一个不受下雨影响的农作场所，同时它是以灶台为中心的烹饪场所，也是日常用餐的场所。只有在如过年与婚礼的特别情况下，才让客人从玄关进入，使用榻榻米的座席，而平时都把土间当入口，几乎所有的交流都发生于此。对于日本人来说，土间是地域交流的场所，是生活的中心。

在长冈市政府项目中，我们的出发点就是做这样一种"土间"，而不是广场本身。土间

总平面图

---

[1] 日本传统农家入口的泥地房间，像巨大的玄关，前后有两个门洞，有灶台、作业空间、杂物空间等。——译者注

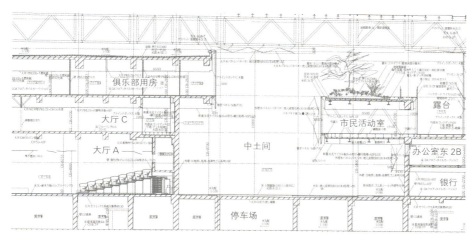

中土间剖面图

通常在农家的一侧,但我们发现了房间包围土间的称为中土间的形式,所以就顺势定下了规划设计方案。

至此,我们将精力集中在如何创造令人舒适的中土间空间上,创造能让人们集中于此的场所,而不再考虑我们是在设计市政府办公楼这件事。

主角不再是建筑物,而变成了被称为中土间的孔。竣工以后,竞标审查委员长槙文彦先生来访,评价它是:"像把袜子翻过来一样的建筑"。在通常的建筑项目中,建筑是主角,周围开放空间是配角,但我们反转了这个关系,让中间的开放空间成为主角。

在中土间的地面上,我们使用了一种改良自农家土间常用的三合土的具有土壤质感的材料。三合土由土、石灰与盐卤三种材料混合,后经打制固化而成。我们想保留在温湿土地上行走的感觉,所以坚持使用了这种地面材料。

从连接桥上看中土间

西欧的广场由石材、砖块等硬质材料铺设地面，但是长冈的孔的地面给人以日本农家土间般的柔软质感，创造出了治愈系的、让人放松的交流空间。

地面材料的选择远比壁面或者天花板的材料选择重要。这是因为人体直接接触地面。地面对人们产生强大的心理影响，而壁面与天花板无法与之相比。

用薄木板来联系

包围中土间的壁面与天花板是作为木头的粒子集合体来设计的。我们试图让人们感受到日本的木材打造的农家所具有的温暖、亲切，而不是混凝土公共建筑那样重而大的印象。

但并不是说只用木头就好了。重要的并不是木材这种肌理，而是木材作为人性化尺度的小粒子这件事。

日本的木结构是通过组合小径木（横截面尺寸 10 cm 左右的细木材）建成的，不管多大的，不管什么样的空间都能建造。这种灵活性使得木结构具有独特的魅力。用从附近里山里获得的小径木，就能经济地建房，这是日本建设体系与经济体系的原点。

把小径木做成宽约 10 cm 的被称为 Puranku 的薄木板，将其使用在地板、壁面、天花板等各个部分，形成了日本建筑的重要肌理。

在此项目中，内外表皮都使用了这种薄木板，试图打造人性化的尺度感。在内部，我们对这种薄木板的安装方法进行了特别设计。通过薄木板传达的轻盈粒子的感觉，木材才开始作为人性化尺度的粒子被感知到。为了达到这种纤薄轻盈的感觉，我们用金属挂件做基材，在上面安装薄木板，并对木板的端部做产生纤薄感的细节处理。如果像往常一样用框架做基材，然后安装薄木板，框架就会很醒目，致使轻盈感丢失。根据基材与边缘处理的不同，同样的薄木板也会呈现出完全不同的质感。

中土间充满了像阳光透过树荫洒下的光斑

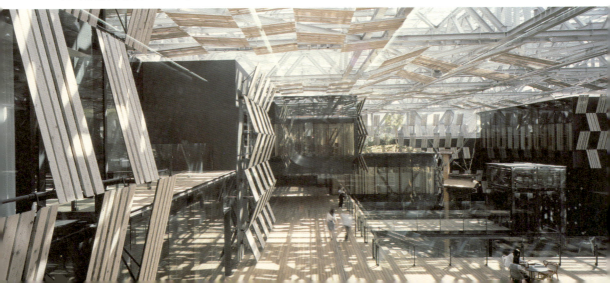

坚持使用当地材料

我们坚持使用当地产的杉树制成的薄木板。出产越后杉的森林就在附近，我们定下只使用 15 km 半径范围内的杉树的规则，并采购这些木材。

对于室内装饰，我也使用了通常公共建筑不怎么使用的手工制的和纸与被称为 Tsumugi 的手工编织的布。使用当地长期使用的材料，在公共建筑中重现了曾经的民家一般的温暖和柔软的质感。

和纸里有一种众所周知的产自当地的白色小国和纸，是通过雪漂手法获得的，它的美是别的纸所没有的。我们用柿汁给和纸上色，也以此设计了沙发。

在前台窗口，我们使用了一种当地农家自制的有着朴素肌理的被称为 Tochio Tsumugi 的织物。借助当地怀旧素材的力量，试图将政府办公楼变成一个柔软温暖的地方。

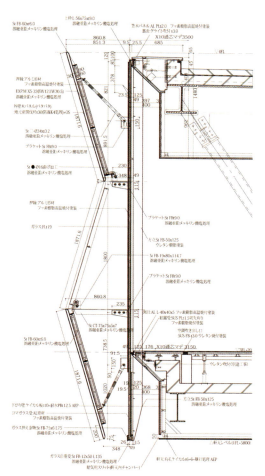

干挂木板的节点大样

市政府综合窗口配置 Tochio Tsumugi 的前台

由木材组成的粒子包裹着中土间

保留着温润的土的触感的中土间

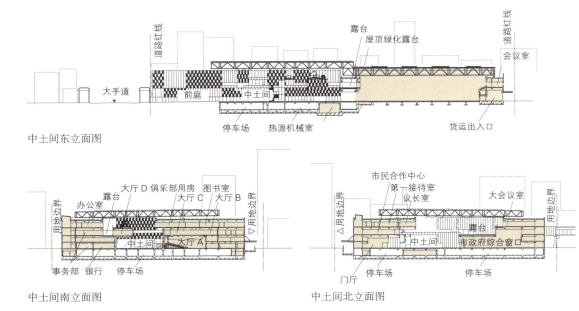

中土间东立面图

中土间南立面图

中土间北立面图

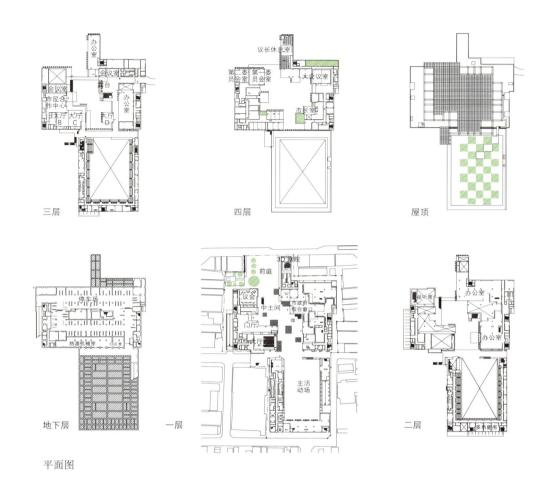

平面图

用旧建材来联系

我们还积极地再利用了之前用于基地内福利中心的旧建材。纺织品在全新的场所被作为吸音材料贴在壁面上；体育馆的地面板材被用在前台；铜扶手被用在电梯里面。这样，时间的继承在联系建筑与场所的过程中发挥了很大作用。

地址：新潟县长冈市大手通 1-4-10
设计：2008.02—2009.09
建设：2009.11—2012.02

功能：市政府总部（办公室）、集会场、停车库、商店 - 餐厅、银行分行、带屋顶的广场
结构：钢筋混凝土 部分钢架构构造 预应力混凝土
桩基：直接基础（部分地基改良）
用地面积：14 938.81 m²
基底面积：12 073.44 m²
总建筑面积：35 492.44 m²
建筑密度：81.81%
容积率：2.06
层数：地下 1 层，地上 4 层，塔屋 1 层
最大高度：21 400 mm/ 檐高：20 910 mm
土地利用：商业用地、防火地域、多雪地区

收录案例

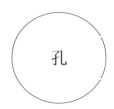

饭山市文化交流馆 Natura

人口过疏化地区的文化据点

2015年春天，在北陆新干线饭山站的附近，一个文化会馆与地域交流设施的综合体规划设计提案（设计竞赛）启动了。

因为1962年建成的饭山市民会馆已经非常陈旧，且2010年饭山市被认定为人口过疏化地域，所以从制定自立促进计划的2015年开始，完善艺术文化功能和交流功能就变得必不可少。除此之外，在这次竞赛的重要事项中也有提到不仅仅追求"厅堂建筑"，还要同时重视咖啡馆和会议室。

虽然本次设计想要创造一个地处人口过疏化地区特有的地域文化中心和繁华街市，但是周边没有能被利用的文脉背景。因此，我们首先考虑到的是如何在用地内部设立热闹繁华的"内核"。方案就从这个中心核是应该被设计成"广场"还是"通路"的讨论开始了。

在饭山，街中还残留着的檐下通路——那种雪国特有的拱廊，在它的启发下我们想出了采用中道（Nakamichi）这种街巷型的交流空间。这与长冈Aore的广场型的交流空间不同，我们想要建设一条贯穿的道路，把电车站和当地连接起来。

用中道连接新干线与当地街巷

从第一次探访基地的时候开始，我们就注意到了"与车站之间的微妙距离"。然而连接站前广场最为便利的场所都已经被建成了超市，而且目前还有大型立体停车场在建。因此，如果想要在地理位置更远的地方建造一栋建筑物并成功吸引到站台处的人群，单单做成雕塑般的立方体造型是不够的，而应该采用更具有吸引力的凹形立面。

参考朗香教堂（柯布西耶，1955年），我们采用和它的立面相似的易于产生负压状态

引入来自车站的人流的凹形立面

的凹面造型,把站台处的人流吸引进来。对于凹面,我们是否可以称它是介于壁面和孔穴之间的"半孔"空间呢?

有素材感的公共建筑

与从新干线的车站站台发散出的独特的"纯白"相对,我们用木头和耐候钢作为建筑材料来制造反差。虽然建筑规模也算比较大,但是也通过凹面造型和素材的细腻感,把支线铁路所具有的人性化特点带入新干线旁边新建的建筑中了。同时在位于新干线和饭山窄小街巷的中间,我们想要通过设计手法来"延缓"当地铁路线行驶而过的速度。

九州新干线新开业时期设计的多功能文化设施"九州艺文馆"(2013 年)也一样,它是作为能缓冲新干线速度的"孔"设计的。通过这个"空档",把列车行进的速度减慢下来,以此寻得机会来保护当地的民家、接邻处的公园,以及筑后川。如果没有这样的孔隙来缓冲,那么新干线的高速穿行对当地来说太粗暴了。

人性化的中道

最难的是在建筑物的正中间设置贯通的中道。为了除雪而在屋檐端部设置的延伸出来的拱形结构被称为雁木。饭山市旧市街的中雁木下的空间向来都是非常人性化的温暖场所,所以我们想要创造一个具有与雁木下相同氛围的中道。

第一个难题就是空间的规模全然不同。在本案例中,建筑物的规模较大,因此主体构造只能选择混凝土结构,没有选择其他结构的余地。

在充斥着混凝土的现代主义建筑中,人们过分追求抽象、纯粹的观念,反而使得空间变得十分枯燥无趣。我们想把各种各样的构件引进来,实现构造上的多层交错,以恢复曾经丰

Natura 与车站周边

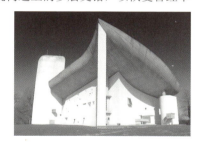

朗香教堂

富的空间传统。传统的日本建筑构造,都具有多重性。在主要的构造构件上,除了梁、柱以外,我们选择土墙、格子门窗、推拉门等作为二次构造的对象,除了能够提高耐震性能,还可以营造丰富的空间。通过复活传统二次构造的手法,我们在以新国立竞技场为开端的各种项目中都进行着新的实践。

不能过大,也不能过小

雁木的魅力,在于木构造独特的小跨度特征、构造构件(梁、柱)的精细结合,以及小的尺度。因此在混凝土建造的 Natura 中,无论用传统的三合土来制作地面,还是在墙壁的外装上用木材或采用漆装墙,都无法打造雁木那样的空间体验。

因此我们下决心大胆地在中道的天井部分用落叶松制造的合成材作为二次构造完成了穿插的空间结构。

从构造的角度来看,虽然这只是一种"不纯"的折中设计,但和单纯在外装上使用木材完全不同,它是通过令人舒适的"格律"使得中道中产生了回响。

雁木
中道的灵感来自雪国地区称为"雁木"(Gangi)连接屋顶的门廊。由此我们将,木制框架与土间做成的人性化的亲切的交流空间,复刻到现代社会。

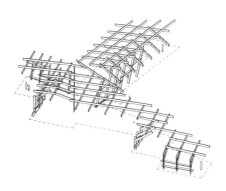

连接两个大厅与交流设施的中道的木结构

中道的三岔:通路与孔同时存在的空间

从手法上总结来说，中道本身虽然是作为缓冲孔隙的，但是在穿插的木构件上，采用了"粒子"的手法。把用合成材料制作的柱、梁视为空间的单位，称为粒子。这种粒子的尺寸既不能过大，也不能过小。如果尺度太大，就会变成和混凝土框架一样的大型构件，与雁木结构的多层性就会相差甚远；如果太小，在空间整体中来就只有装饰的效果，它效果不明显的话，空间就变成了普通的商业空间。所以只能选择和空间大小相对应的粒子应有的尺寸。

作为音乐的建筑

既然决定了粒子的尺寸，下一步就是如何把粒子（音符）演奏成乐曲。我们在尝试用粒子组建的同时，产生了把粒子作为音符来编排演奏的想法。正如歌德所说，"建筑是凝固的音乐"，建筑和音乐的相似性也被多次提及。

但是，具体论述关于建筑与音乐有怎样关联的人几乎没有。我们开始关注构成建筑物的粒子。粒子即可被视为音符。于是如何编排这种音符，使其产生令人愉悦的节奏便成为设计者的工作。

大部分人在提到音乐时便会联想到"优美的旋律"，而我们想要创造使用户能够真正体验到空间旋律的领域。如果设计者能够准备好令人感到自然愉悦的节奏，那么使用者就可以利用这个节奏通过自己的方式演奏旋律。相反，如果设计者已经准备好了旋律，使用者就会觉

从中道回望车站一侧的入口

车站一侧的凹形立面

收录案例

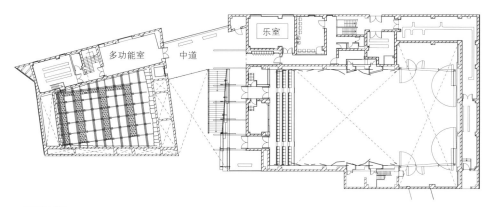

二层平面图

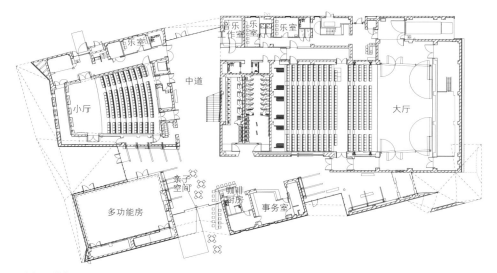

一层平面图

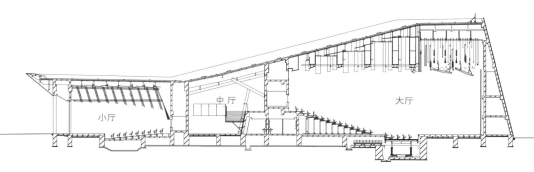

剖面图

小厅：用推拉门分隔的雪国和室一般的空间

大厅：椅子收纳后可变为平土间

得闷热，容易形成阴郁的空间。在这个项目中，我们一边这样思考，一边用落叶松的合成材来刻画如雪国雁木一样的节奏。

地址：长野县饭山市大字饭山 1370-1

设计：2012.04—2014.03

建设：2014.04—2015.12

功能：剧院、餐厅

结构：主要结构钢筋混凝土

部分结构: 钢筋（屋顶），PC 材料（大礼堂观众席部分）

桩基：直接基础 + 地基改良（钢管桩）

用地面积：9926.16 m^2

基底面积：2863.47 m^2

总建筑面积：3888.21 m^2

建筑密度：28.85%（允许值：90%）

容积率：0.39（允许值：2.00）

最大高度：19 550 mm / 檐高：18 550 mm

土地利用：近邻商业用地、多雪地区

与地方电车线的风景和速度产生共鸣的耐候钢的外立面

收录案例

帝京大学附属小学

区位图

倾斜屋顶的木造校舍

之前我就思考过如何能让木造校舍在当代复活。所谓木造校舍，不仅是用木头建造，在其上架设斜屋顶也十分重要。通过坡屋顶的斜面向外延伸，建筑物与大地连接，学校就有了家的感觉。

我自己曾在有坡屋顶的木造校舍里学习过。那些凸凹不平的木质地板上，排列堆放着抹布的岁月，一直印在我的脑海里。

在我上小学四年级时，也就是1964年东京奥运会那一年，校舍被改造成了混凝土构造。我仍记得当时给我的震惊。明明十分期待崭新的校舍，但在被像仓库一般暗淡扫兴的空间所包围的那一刻，顿觉愕然而不知所措。于是我便思考如何能再现曾经校舍里的温暖的、木头的质感，并让现在的孩子们也能够体验到。怀揣着这种想法，我设计了这所小学。

在帝京大学附属小学的设计中，首先要做的是使有不同坡度的屋面共存。这也同时需要结合内部空间的需求，从而形成不同的场所。

高低不同的百叶让操场一侧的立面产生了变化

其次，周边邻地的状况也同样被列入考虑范围。在基地一侧有的是小型的民家，有的是用混凝土建造的集合住宅。在这些多样的边界条件的引导下，以不同坡度的屋面相呼应。这些坡面，不仅有着杂技演员般的柔软性和适应力，也使得日本传统建筑在此起彼伏的坡屋面组合和现代建筑中得以存在。

改变住宅区（北）侧的屋顶倾斜程度以适应周边环境

倾斜的流动空间

在室内我们也多次使用了塑造倾斜几何关系的手法。我们尝试着在不同的楼层之间做斜向通高空间，使在对角线方向上的进深空间相互连接。通过不同楼层之间斜向上的串接，可以实现不同年级同学之间沟通。如果仅设置垂直方向上的通高空间，上下层虽然连接起来了，但是上下楼层间的面对面的感觉就没有了。

斜向的通高空间形成之后，上下层之间便形成了面对面的关系，于是内部空间的一体感也增加了数倍。这种不同年级学生之间沟通的场所，是一种从来都没有过的、令人感到兴奋的教育环

体育馆与教室之间的半室外通廊

用大屋顶将建筑物与大地紧密连接

收录案例

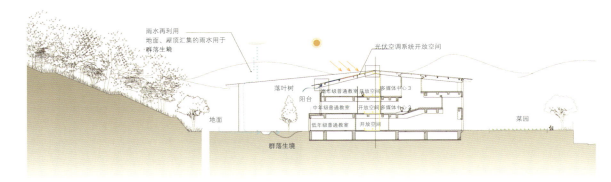

环境剖面图

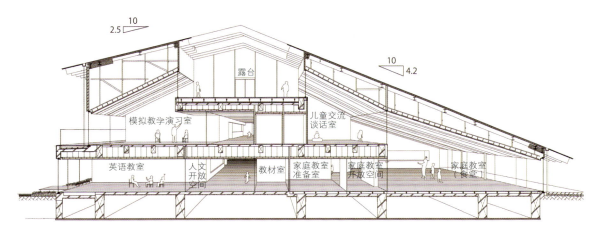

剖面透视图

从一层开放空间看普通教室

境。我们预感到这不是简单的上下或水平方向上的联系，而是一种全新的空间关系。

如今，教育界正流行主动式学习的概念，而这种倾斜的通高空间正为这种学习理念和模式提供了场所。

另外，在内部配有纵跨数层的图书馆，这也是学校建筑里从未出现过的全新实践。

在这拥有倾斜接续的、像瀑布一般流动的空间的图书馆中，跨越年级的学生之间的知识交流便产生了。

这不仅是提供书本的图书馆，而且是一间配有电脑、iPad等终端机的多媒体图书馆。在室内地面上设置的不同梯度的高低差，使得手持电子终端机的孩子们可以随意寻找各自的"领地"，也可以坐在台阶上玩这些电子设备或看书。

在20世纪，容纳劳动和学习的平坦的大空间还被视作理想空间，被称为国际风的流动空间。

建筑师密斯·凡·德·罗是通用空间之父。在密斯的西格拉姆大厦项目中，在水平方向上建造流动的标准层，然后通过上下叠加，成为20世纪办公大楼的原型。但是这种平坦的通用空间在现在已经不能满足要求，不仅是对办公楼建筑而言，对教育空间也是如此。相对而言，大规模的台阶型或瀑布型的倾斜空间会在起到连接作用的同时，营造一些私人领地的感觉。在过去杂草丛生的旷野中，关联性和私密性得以并存。它既有地面自然的起伏与波动，也可以堆放大型废弃物，变成最合适孩子们捉迷藏的场所。而这个图书馆就是旷野的现代版本。我们在室内地面上隐藏了不同的坡度，这些倾斜会给予我们自由的空间体验。

纵跨多个楼层的多媒体中心

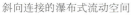

斜向连接的瀑布式流动空间

收录案例

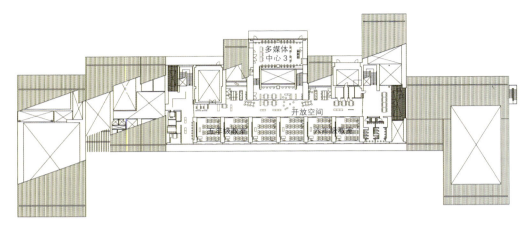

三层平面图

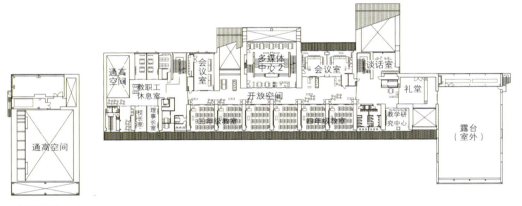

二层平面图

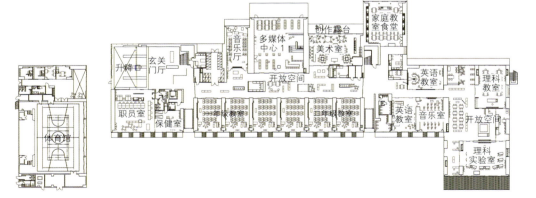

一层平面图

银座松竹广场大楼瀑布状的门厅

浅草观光文化中心小剧场

我们将这种由各种斜面组合的空间称为"倾斜的流动空间"。它不像过去只止步于追求用墙壁无法分隔开来的自由的大房间,而是把倾斜要素加进去之后,拥有了比20世纪单纯而平坦的空间更多的自由使用的可能性。

我们设计完成的银座松竹广场大楼的瀑布状的门厅(2002),以及浅草观光文化中心(2012)阶梯状的小剧场,也都可以被归入"倾斜的通用空间"实践案例。

地址:东京都多摩市和田1254-6
设计:2010.07—2011.02

建设:2011.02—2012.02
功能:小学
结构:钢筋混凝土
部分结构:钢框架钢筋混凝土结构、钢框架结构
桩基:桩基础
用地面积:22 852.04 m²
基底面积:4405.11 m²
总建筑面积:7781.32 m²
建筑密度:19.27%
容积率:0.34
层数:地上3层
最大高度:13 940 mm/ 檐高:11 860 mm
土地利用:第一类中高层住宅专用地

有着斜屋顶的大结构带来安心感

收录案例

中国美术学院民艺博物馆

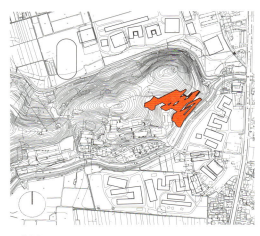

区位图

倾斜的地面

在中国的杭州有以中国著名景观西湖为中心的美丽而柔和的景观。项目基地位于杭州郊外原本是茶园的平缓山丘的斜坡上。我们就直接将山丘的斜坡作为建筑的地坪,建造了一座依附于大地的平层博物馆。

说起地坪是倾斜的博物馆,著名的有 20 世纪建筑大师弗兰克·劳埃德·赖特(Frank Lloyd Wright,1867—1959 年)设计的纽约古根海姆博物馆(Guggenheim Museum,1959 年)。在螺旋形的斜坡上展示艺术的想法也被称为博物馆革命。然而实际上,在纽约这个局促的基地上堆叠多重斜坡,与其说它是大地延伸的斜面,不如说它是人造通道空间,也有美术馆相关人士批评它像是停车场。

平行四边形划分

我们尽力不破坏茶园的大地,做出了一个直接把这片缓和自然的斜坡转变为展览空间的平面规划方案。为此,我们使用平行四边形的几何形状,划分了这个复杂的地形。把平行四

以平行四边形为媒介让建筑适应复杂的地形

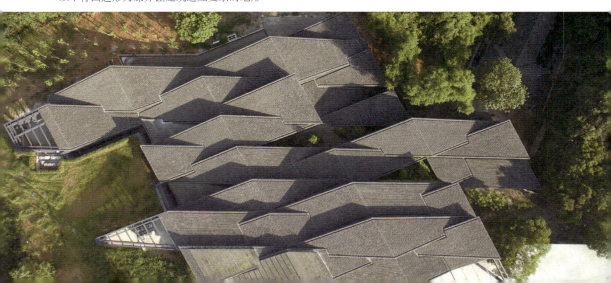

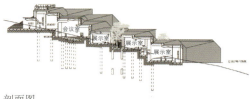

剖面图

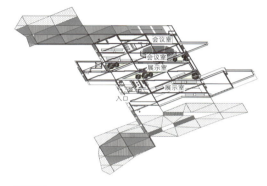

平面图

轴测图

依附于舒缓山坡上的单层建筑

边形作为媒介,我们试图使无形的自然更加接近建筑。从这个意义上讲,可以说这个项目是兼具自然与建筑的中间物体。

用多边形划分复杂曲面的方法被称为多边形划分。虽然被称为多边形,但是通常使用三角形来划分。如果用四边形划分,则有可能出现扭曲,而如果用三角形划分,则不用担心扭曲,因此多边形划分通常是三角形划分。这次使用的平行四边形是通过拼凑两个三角形而形成的,因此很容易处理复杂的地形。

平行四边形是一个有趣的图形,与普通的矩形相比,它的对角线可以做很长。即使是相同的面积,对角线变长,也能让人们感到空间不可思议地扩大了。博物馆建成以后,大多数人一听到其实际面积就感到惊讶。建筑的面积在感觉上比实际大。

在美国,有不少对三角形感兴趣的建筑师。弗兰克·劳埃德·赖特、巴克敏斯特·富勒(Buckminster Fuller,1895—1963年)、路易斯·康(Louis Isadore Kahn,1901—1974年)等,他们梦想通过三角形突破被直角支配的世

界。

　　他们使用的三角形是等边三角形。而我们在杭州使用的平行四边形由细长的三角形组成，它的一边很长。一边很长的三角形能让人产生等边三角形所没有的延伸感，由此产生了活力与更多的可能性。

瓦的景观

　　我在每个平行四边形的单位空间分别做了小屋顶。每个单位空间的面积相当于一间住宅，因此产生了聚集很多小住宅所形成的村庄景观。

　　由于博物馆容易形成大箱子一样的外观，常被批判为箱子，我们在这里集中了低而小的瓦屋顶，试图再现朴素的乡村一般的景观。我们再利用了附近民家使用过的屋顶瓦片。虽然它们有颜色不均、尺寸不齐等问题，但我们还是非常喜欢。中国的瓦片现在大多仍然是手工窑烧制的。空地中有像坟墓一样的窑，经常能

用不锈钢丝固定旧瓦片制成的"屏幕"

不同瓦片端部的进退，强化粒子感

平行四边形的空间单位形成舒适的动态的内部空间

看到白烟飘散。只有这些旧瓦片才有的弯曲的质朴粗糙的感觉，是从在工厂制造的日本瓦片中根本无法获得的。

我们也同样用这些旧瓦片做格栅来覆盖外壁。我在所有瓦片上打了孔，并用不锈钢丝固定。为了营造瓦一片一片作为粒子飘浮在空中的感觉，我们开发出了这种细节。为了进一步增强粒子的感觉，我们调节瓦片前端的伸出与缩进量，使其看起来更加参差与粗糙。这个瓦片的制成格栅能够遮挡阳光直射，让室内充满柔和的光线。

该项目是一个民间艺术博物馆。中国乡村工匠制作的手工制品被经瓦片过滤的柔和的阳光照亮。在像大地一样缓缓相连的展示空间里，时间安静地流淌着。

设计：建筑 隈研吾建筑都市设计事务所
　　　结构 小西泰孝建筑结构设计
　　　设备 森村设计
施工：浙江省一建建筑有限公司
用地面积：12 204 m²
基底面积：5670 m²
总建筑面积：4936.33 m²
层数：地上1层（部分2层）
结构：钢框架结构
建设：2012.01—2013.04

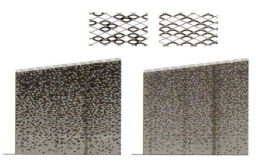

比较探讨瓦片"屏幕"的粒子感

瓦片作为粒子飘浮在空间中，让其充满柔和的光斑

收录案例

九州艺文馆

新干线车站（筑后船小屋）与九州艺文馆的鸟瞰图

连接新干线与民家

这是一座建在九州新干线筑后船小屋站前的博物馆。

因为新干线的路线通常避开既有的城镇街道，所以往往出现黯淡荒芜的站前空间。筑后船小屋站前也是这样的状况。此外，因为这一段新干线是高架，与大地分离的钢筋混凝土车站浮于高处，对于当地小民家散落分布的田园风景是一种欠斟酌的景观。新干线是引领世界、改变世界的技术，大大改变了世界的构造。但同时，它也让世界的景观发生了巨大变化。

把新干线的车站与大地连接，与民家的田园风景连接，成为这个项目的目标。所以我们认为，站前规划设计的博物馆不能是一个盒子。如果再在站前建一个混凝土的大盒子，车站最终会从周围环境中飘浮起来。我们在意大利北部规划设计的 Susa 高速铁路车站（照片），也同样以"倾斜"而非盒子的方法作为基础。

Susa 站是连接法国和意大利的高速铁路

用与周边民家尺度相适应的体量紧密连接大地与艺文馆

计划的意大利的第一站。在它旁边是阿尔卑斯山的山谷，山谷中是分布着石制屋顶的民家的美丽风景。为了与这种风景联系上，我尝试为车站做了斜屋顶，将美丽的大地与车站联系在一起。

在筑后船小屋的站前博物馆，我们也采取了相同的倾斜的基本策略。首先，我们划分了博物馆的体量。这是考虑到周围的小型民家的规模。接着，在每个被细分的博物馆体量上都架设了与民家相同的斜屋顶，我们试图以这种方式联系车站与大地、车站与社区。我们随机设置了各个斜屋顶的方向，像村庄聚落一样，呈现出杂乱的风景。

屋顶也混合使用了几种材料。因为使用了石头、金属板、光伏板等多种材料，所以细部多种多样，各个屋顶呈现了完全不同的表情。

连接广场与矢部川河岸的阶梯

以斜屋顶联系阿尔卑斯山区风貌的意大利高速铁道新站 Susa 的效果图

周边情况 新干线与艺文馆的区位

用斜坡构成流线

朝向外侧的斜屋顶,既有向下收束的,也有向上打开的。在希望招揽人进入的地方,我们使用朝外侧上升的开放状的斜屋顶。面向车站的正面采用了大片的、向上打开的斜屋顶,这样能自然引导来自车站的人流进入博物馆。

教室工房 日常生活流线中值得绕道停留的文化设施

在划分出的各个体量正中间,我们做了一个孔,像村子中心用于重要活动的广场一般。这不是封闭的中庭型广场,而是像扩大部分街道宽度的穿过型广场。从车站出来的人们被吸引到这个广场上,穿过它,然后前往博物馆南侧的筑后川河岸。为了让人们从新干线自然地到达这里,我们依照人流设计组合了各种各样的倾斜要素。

这个项目给人的印象是:大型人流路径中的一部分是这个可以"顺便逛逛"的博物馆。我认为,21世纪的文化设施适合将艺术融入日常生活中并使之成为其中的一部分。我希望创造一种艺术融于日常生活的闲适状态,而不是将艺术封闭在大盒子中的20世纪型的文化设施。

常设展览(矢部川导览室)与中庭

广场作为由车站通往各地区的开放的孔

一层平面图

收录案例

山丘上的自由粒子

在靠近艺文馆主馆的一座小山丘上,我们设计了一个带有陶艺工作室功能的附属构筑物。这个工作室的基本手法是粒子。我们把长2.5米、重20千克的三角形的由当地杉树制成的人造板材作为基本粒子,仅仅以组合的方式,建造了这个工作室。这些板材带有切口,新手也可以组合建造。

当地产杉木制成的胶合板作为"基本粒子"的空间构成

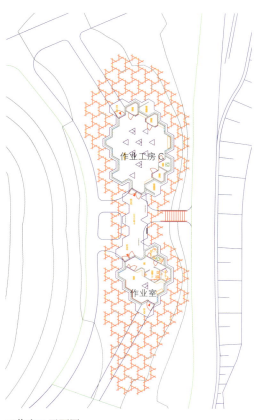

工作室 2 平面图

从工作室看主楼

即便不依靠专业的施工方，市民自己也能改建这座小建筑。主体附带的凉棚也是如此。这个小建筑完全由上述粒子构成，使室内与室外的边界变得模糊，并且向周围的筑后川的河岸开放。它变成了一个清爽明朗的建筑。聚集小的粒子而成的云状建筑，非常适合工作室这种功能。

建筑密度：33.78%
容积率：0.32
层数：地上 2 层（主楼），地上 1 层（配楼 2）
最大高度：18 739 mm/ 檐高：18 409 mm
土地利用：城市规划区域

地址：福冈县筑后市大字津岛 1131
设计：2008.09—2011.03
建设：2011.03—2012.10
功能：研修设施、咖啡馆（主楼）、展览设施（配楼 2）
结构：钢筋混凝土
部分结构：钢框架结构（主楼）、木结构（配楼 2）
桩基：直接基础
用地面积：12 914.74 m²
基底面积：3744.84 m²（主楼），18 430 m²（配楼 2）
总建筑面积：3657.04 m²（主楼），16 551 m²（配楼 2）

室内与室外界线模糊的开放建筑

天花细节

收录案例

FRAC 马赛

艺术的地方分权

法国也曾经是一个在文化方面中央集权的国家。从 20 世纪后期开始，地方分权的运动兴起，于是 1982 年政府设立了被称为 FRAC 的基金（Fonds Régional d'Art Contemporari）。试图将在巴黎集中的罗浮宫美术馆、蓬皮杜艺术中心等法国一极中心的文化结构，转变为多极的多样化的文化结构。这项具有野心的尝试，引领了后来全世界的地方艺术活化运动。

FRAC 目前拥有 23 个据点。每个据点都有不同的文化目标，不仅为地方文化买单，而

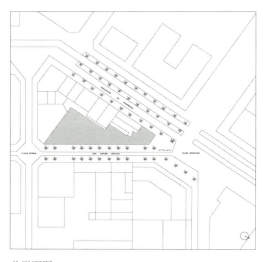

总平面图

珐琅玻璃的粒子与周边环境连接起来

且尝试彰显不同地区的个性。这是与到处都是同样的美术馆的日本相对照的方法。马赛的FRAC定位于朝向地中海的Côte d'Azur海岸地区的一处文化据点，目标是培养有志于当代艺术的年轻艺术家。

因此，需要一个复合艺术家公寓、创作空间与展示空间的打破传统艺术馆观念的柔性而开放的艺术馆。

柔性而开放的艺术馆

我们被多次要求不要将它做成普通的艺术馆，它不仅是供人观看的艺术馆，更是能感受到创作氛围的工作室一般的艺术馆。

我们首先意识到的是由勒·柯布西耶同样在马赛设计的一个集合住宅——马赛公寓（1952年）。柯布西耶在马赛公寓项目中的目标是街道的立体化。街道不只是交通的场所，也是地区居民的交流空间，在不同时间，它还是餐饮活动的场所，是最具创造性的城市空间。

柯布西耶在马赛尝试了通过创造立体的三维街道来促进城市活力的立体化。我们将这个想法进一步扩大，实现了囊括创作空间、展览空间、居住空间及屋顶庭园的螺旋状立体"流线"。

切入体块的露台空间

作为街道人性化尺度的延续的外观

流线的立体化

柯布西耶的马赛公寓的立体动线实际上并不成功。空中的街道与大地割裂开了，非常无趣。

在柯布西耶的作品中，穿过萨伏伊住宅（1931年）中心的坡道的方法非常好。柯布西耶知道，"倾斜"要素对建筑空间的立体化非常有用。在萨伏伊住宅的斜坡上，他娴熟使用了倾斜并在上面增加了螺旋的效果，连接上了大地与天空。

我们的 FRAC 不只使用倾斜，还试图通过连接倾斜与螺旋的方式，来连接大地与天空。马赛公寓地处马赛的郊区，周围没有具有活力的街巷。幸运的是，我们的场地位于马赛海岸附近的老城区，附近是热闹的街巷。通过使用倾斜与螺旋，我们将地中海城市的活力原汁原味地带入了建筑中。

粒子的立面

此外，基于让整个建筑柔和且与周围环境协调的想法，我们用乳白色的珐琅玻璃覆盖了整个建筑。把用珐琅玻璃做成的粒子以不同的角度安装在外壁上，于是地中海的强光被散射过滤，外壁本身的存在消解了，建筑整体转变为云状的柔和的物体。在这个模糊的外墙内侧，立体的动线螺旋上升。

我在参观马赛市的玻璃工作室时想到了使用这种材料。当项目开始时，我为了拜访街道里的工匠，走访了该地区多个工作室。那时我就觉得这种玻璃的颜色和质感，与马赛的氛围非常般配，所以开始设计这个粒子的立面。

我们试图通过建造与马赛公寓厚重坚硬的混凝土外壁相对照的外壁，实现作为街道延长段的建筑，而不是与街道割裂的"盒子"。

在法国，打破传统盒子般的艺术馆的必要性从 20 世纪中期以后就被经常讨论。担任文

联系大地与上空的螺旋状流线是钢构架，内装是工业风

化部长的法国文化行政象征——安德烈·马尔罗（André Malraux，1901—1976 年）在《东西方艺术论》（1947 年）中提倡的"没有墙壁的艺术馆"的概念就是其中的代表。

柯布西耶在日内瓦规划设计的世界博物馆（Musée Mondiale，1929 年）是不可思议的螺旋形平面形式的方案。它被视为无限生长的艺术馆原型，据称这也影响到了马尔罗。据称，柯布西耶在东京上野设计的西洋美术馆（1959 年）是对"无限生长的美术馆"概念的具体化实践，但遗憾的是，螺旋的概念只被运用了一点点，整体上仍然变成盒子一般围起来的美术馆。另外，当用法国的网络搜索"没有墙壁的艺术馆"时，我们的 FRAC 马赛经常会出现。

创造流线作为街道的延续的美术馆

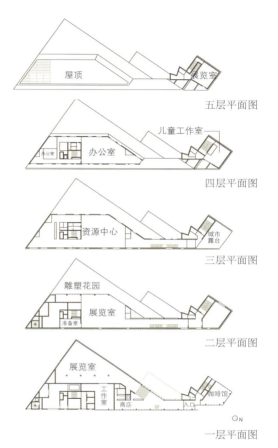

五层平面图

四层平面图

三层平面图

二层平面图

一层平面图

地址：法国马赛敦克尔克 20 号 13002

设计：2007.04—2011.02

建设：2011.08—2013.04

功能：博物馆、会议室、住宅、办公室、咖啡馆

结构：钢筋混凝土（部分钢框架结构）

桩基：现场制混凝土桩

用地面积：1780 m²

基底面积：1570 m²

总建筑面积：5757 m²

建筑密度：88.20%

容积率：3.23

层数：地上 5 层，地下 1 层

最大高度：31 550 mm/ 檐高：27 500 mm

收录案例

倾斜

达律斯·米约音乐厅

区位图

在旧城的边缘建一面墙

埃克斯·普罗旺斯（Aix-en-Provence）是法国南部普罗旺斯地区的中心城市，因印象派大师塞尚而闻名，吸引了来自世界各地的游客。

如果从城镇往北走，会见到塞尚一生都在不断描绘的圣维克多亚山（Montagne Sainte-Victoire）。那座石灰岩构成的折纸一般的山脉，与塞尚绘画的硬质肌理产生共鸣。看着这座山，我想到有阴影的硬质立面在南法强光照耀下的意象与此处的风土十分般配。

埃克斯·普罗旺斯的城区非常有吸引力。教堂的旧城也很有吸引力。以教堂与广场为中心，人性化尺度的街道网络延伸开来，是典型的地中海城镇。当然，局促的老城里没有建新的文化设施的场地。在老城的南边，20世纪

设计为城墙的样子来保护老城的文化设施群

90年代建设城镇新文化中心的项目启动了,当时建造了几处文化设施。像这样在老城边缘建造补充性的中等规模的文化设施是欧洲历史文化城镇的习惯做法。

曾经的老城被城墙环绕着,而现在的老城被文化设施环绕着。达律斯·米约(1892—1974年)是埃克斯的音乐家,他的融合了爵士乐的干硬的音质为人所知,是20世纪法国音乐巨匠。干硬的音质再次让我联想起圣维克多亚山。

我们首先想将建筑作为一个城堡来设计。旨在给人一种埃克斯·普罗旺斯美丽而密集的老城的城墙一般的建筑印象。我们试图在这个壁面上通过添加偏折工艺来赋予其阴影效果。

因为偏折工艺能不断生成小的斜面,所以能被划归为倾斜的一种手法。

超越"盒子"

我一直都对建造城墙一般薄薄的建筑很感兴趣,因为我有超越盒子式的建筑的想法。

20世纪的建筑基本都是一个盒子。与周围的环境割裂开的物质体块,叫作盒子。因为盒子与周围割裂开,很容易被作为单体理解,所以也更易于买卖。

20世纪流行盒子型建筑的原因是,在这个世纪建筑变为买卖对象,建筑从"场所的一部分"转变为"大型商品"。

但现在,"盒子"不再受欢迎。这是因为人们开始意识到:作为商品的建筑不仅破坏了环境,而且是催生能拥有盒子的人群与不能拥有盒子的人群之间的巨大贫富差距的元凶。"盒子"这个蔑称也是源自讨厌这种建筑的情绪。

超越"盒子",我认为有两种可能的方法,一种是把建筑作为墙来设计,一种是把建筑作为屋顶来设计。

由铝板做成的长长的百褶状壁面的外观

广重美术馆（2000年）就是以建筑为墙。在街道与里山之间建造长长的建筑（140 m），并在它的正中间开一个孔，以这种方式重新紧密联系街道与里山。也可以说，这是盒子与孔的组合。

之后我们的另一个以建筑为墙的项目是在中国长城脚下的公社竹屋（Great Bamboo Wall，2002年）。我们在长城旁建了一座像墙一样的长屋。当然，启发我的是万里长城这道很长的墙。

当面对大片广阔的场所时，我们可以看到"盒子"有多无力。建造长长的墙，并在其上某些部位开孔，这是竹屋所采用的方法。

将建筑从盒子改为墙的思想基础是把建筑从与场所割裂的商品恢复成附属于场所的与场所一体化的存在。在埃克斯·普罗旺斯的项目中，我们将建筑设计为L形的长长的墙。

这道长长的墙由铝板制成。在相邻的文化设施中，经常使用构成埃克斯老城区的石灰岩与混凝土，但我们使用的是铝板。我认为只有铝板才能实现与塞尚的圣维克多亚山画作相通的现代的硬质明快感。

折纸工艺

接下来便是如何在这个铝板制成的长墙上开口。通常开口部由穿孔这种工艺制作。穿孔而成的小窗口也被称为point。穿孔工艺是在欧洲砌石结构的厚墙上开窗的基本工艺，但因为会让人感到墙很厚，往往让建筑给人一种封闭的印象。

我们不用穿孔工艺，而用偏折工艺在壁面上开口。这是因为我考虑在不牺牲铝板的薄度与硬度的前提下，做出功能所需的开口部位。通过密集地偏折墙壁，形成阴影，法国南部的光线落在铝板上形成的阴影与圣维克多亚山如出一辙。通过这种偏折工艺，建筑壁面变成斜

与道路连接的门厅

北侧角落百褶状的阶梯

面的集合体，融于环境中。

偏折工艺不只用于开窗洞，还适用于主入口。通过穿孔工艺做成的入口往往是一成不变的孔。偏折工艺做成的入口，产生了倾斜运动，创造了动态的吸引人的入口。

我们不仅在主入口处，而且在建筑物的端部，斜切掉了直角转角。这是通常被称为"切角"的工艺。从安土桃山时代到江户时代前期活跃着的造园师、建筑师的小堀远州（1579—1647年）是这种切角工艺的集大成者。

偏折工艺也在室内的音乐厅里被重复使用。通过重复这一做法，我们创造了一个打破对称性的动态的音乐厅。用从爵士乐中获得的灵感，重组代表静的古典音乐的达律斯·米约的音乐促使我们做出了这种倾斜的设计。我相信达律斯·米约与爵士乐都是有倾斜感的音乐家。

地址：4，rue Lapierre，BP 60170,13606 Aix en Provence Cedex 1，FRANCE
设计：2010.03—2011.01
建设：2011.06—2013.09
功能：音乐学校音乐厅
结构：主体钢筋混凝土 部分钢框架结构
用地面积：3366 m^2
基底面积：1796 m^2
总建筑面积：7395 m^2
建筑密度：53%
容积率：2.19
层数：地上6层，地下1层
最大高度：23 000 mm
其他：前普罗旺斯文化地域

从观众席看音乐厅，倾斜的壁面抑制了音响的颤振

从乐池部看大量采用了倾斜手法的不对称观众席

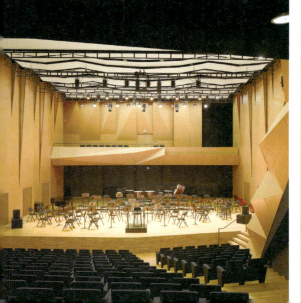

收录案例

倾斜

TOYAMA Kirari

再开发项目与无聊的大楼

这是建于富山市中心的一座再开发大楼。再开发事业通常不会有什么有趣的建筑。这是为什么呢？在一片土地上，小楼所有者、住房所有者等（称为权利持有者）组成一个叫作重建协会的组织，从国家获得补助金，整合统一建造一栋大楼，这件事被称为再开发事业，建起来的大楼被称为再开发大楼。

每个权利持有者都希望在新建的建筑物中尽可能获得良好的空间，因此仅协调的工作就非常困难。出现不公平会是很大的问题，所以所有的空间、楼层都被尽可能调整为同等条件，最后就只能变成一栋没什么特点的普通建筑，即不得不变为"巨大的杂居大楼"。

外观也需要做得令所有权利持有者满意，这也往往让建筑变得无聊。再开发大楼就是有着这样的宿命。

建筑越大越无聊是20世纪建筑的宿命，而再开发大楼是其中的一个典型。特别是日本的城市几乎都被划分为小块的土地，一旦想要把那些土地整合为一大块，就不得不遵循再开发事业的补助金制度，必然会产生无聊的再开发大楼。可以毫不夸张地讲，这个体系让日本城市变得无聊。

紧凑城市——富山

这个富山Kirari的项目实际上也是通过再开发体系建成的建筑。然而，幸运的是，权利持有者的数量很少，而且，富山市当局这个不错的公共团体，也作为权利持有者之一参与其中。

富山Kirari的外观灵感来自立山连峰的岩石肌理

在富山市当局强力的推动下，在新大楼中，出现了其他再开发事业没有的独特的市立玻璃博物馆与市立图书馆。

原来如果当局有这个觉悟，即使在再开发事业的框架内，也能够实践这种独特的新尝试。

另外，幸运的是，富山市是日本实践紧凑城市概念（具有紧凑而充满活力的中心区域的环境友好型城市）的先驱，不，它有着世界先驱般的干劲，与受困于"中心部空洞化""满是闭店的街道"等问题的大多数地方城市相比，富山市中心在渐渐恢复曾经的活力。

这是因为富山市在全国率先引进轻轨路面电车（LRT）的政策开始逐渐奏效。带着花束乘坐电车的乘客可以享受特别乘车优惠。于是车内空间被鲜花装点。像这样其他地方政府不可能拥有的独特政策在富山还有很多。

因此，富山市成为紧凑城市概念在日本实践的代表，也吸引了全世界的关注。

象征紧凑城市的富山市引入有着独特外装的 LRT

南侧立面的绿植板与光伏板给予街道柔软的表情

区位图

被木头包起来的倾斜的通高空间

我们想建造,持续恢复城市中心活力的、像街道延长线一般的建筑。为此,我们首先创造了一个沿对角线斜向穿过建筑的倾斜的通高空间。

用中央的通高空间将建筑统合为一体的案例有不少。在此项目中,我们把中庭设计成倾斜的,在建筑中创造如旋涡状上升的坡道一般的斜面,并平滑地连接充满活力的外部街道与楼上空间。

被称为中庭的巨大通高空间在20世纪美国的大型购物中心发展起来。因为超大型购物中心的中央往往是一个让人感觉不自然的闷热空间,所以在中央设计通高空间,并在顶部设计玻璃天窗,引入光线,这是美式中庭的基本做法。

然而,美国购物中心的中庭没有品味,人工感过重,所以我不喜欢。而在这个富山Kirari的项目中,首先把通高空间做成倾斜的,然后创造森林中阳光穿过树叶间隙洒下光斑——在这里我称之为"粒子似的光"——一般的光环境。我想要创造一种像在森林里被治愈一般的空间感受。

这种倾斜的通高空间在世界上并没有多少别的案例。这是因为这样倾斜以后,每一层的空洞部分都错开了,基于防火墙的防火分区没法实现。技术上的原因导致没有类似案例。而

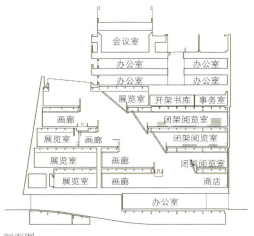

剖面图
以引入南向阳光的倾斜通高空间为特征的剖面设计

由象征富山产业与自然的玻璃、铝板与石材构成的粒子状的立面

通高位置渐渐错位的"倾斜"的空间

收录案例

在本项目中,为了《避难安全检证法》的安全保障体系而导入的新法律制度[1]使得建造倾斜的通高空间成为可能。我们让这个倾斜的通高空间朝向南方,并经过计算,能够使其更有效地将阳光引入底层地面。即使在雪国的冬天,也能引入大量阳光。

在这个森林般的通高空间周围,多种功能空间呈螺旋状聚集在一起。20世纪的文化设施都是纵向划分的盒子。图书馆、美术馆、音乐厅、学校等都被作为封闭的盒子来设计,没有任何联系与对话。

然而,在富山Kirari的项目中,在倾斜通高空间周围的螺旋状连续空间里,图书馆、玻璃美术馆、咖啡馆等都没有被墙壁或玻璃划分开。

这个被联系起来的整体,是一个学习空间,老年人也能在这里充分地享受悠闲时光。在这个意义上,我认为可以说这里本来就是街巷与福利设施。所谓街道本就是这种包含所有功能的开阔空间。

促使我们回顾街道的复合性与包容性,是今后的公共建筑的课题。

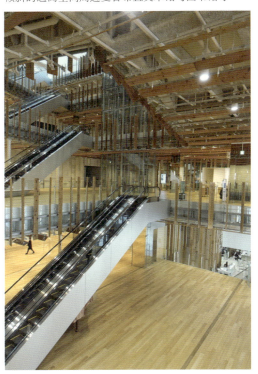

倾斜的通高空间周边复合布置美术馆与图书馆等

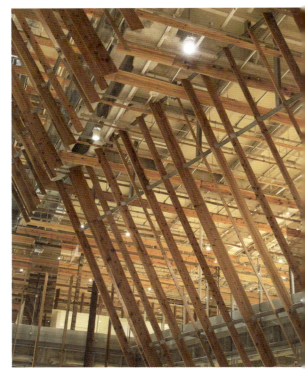

用富山县产的杉木板将通高空间变为森林

---

[1] 日本在2000年开始实施的制度,使得超越传统的《建筑基准法》规定的灵活设计成为可能。——译者注

4F

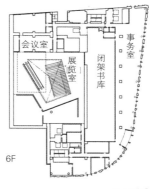
6F

3F

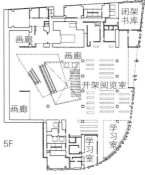
5F

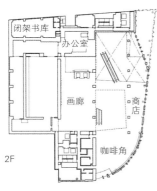
2F

1F

平面图

地址：富山县富山市西町 5 番 1 号
　　　太田口通（道）1-2-7

设计：2010.10—2013.05

建设：2013.06—2015.04

功能：图书馆、博物馆、银行支行、停车场、店铺

结构：钢框架结构（附加耐震结构）

桩基：现场制混凝土桩

用地面积：4414.67 m^2

基底面积：3422.97 m^2

总建筑面积：26 792.82 m^2

建筑密度：82.59%

容积率：5.98

层数：地上 10 层，地下 1 层

最大高度：57 210 mm

土地利用：商业用地、防火地域、高度利用地区（日本城市规划体系特别地区规划的一种，规定地块容积率的上限与下限、建筑密度的上限、建筑规模的下限以及退线等，通常开发强度高于区域平均值）

收录案例

瑞士联邦理工学院洛桑分校
Art Labo

家一样的校园

我们认为，21世纪的大学校园不能是无机的盒子的集合体，而必须像"家"一样，让使用者身心放松，并与周围环境相融合。

瑞士联邦理工学院不仅有很高的世界大学排名，而且超越原有"硬性"工程学科的"软性"学科，例如生物与脑科学研究，是世界一流的。

此外，它还支持每年在附近举办的世界爵士盛典——蒙特勒爵士音乐节，并有为所有演奏提供存档的蒙特勒爵士咖啡馆，闻名于世。它因成功联系学术与商业的广泛文化活动，成为处于世界前沿的大学。

EPFL广泛的文化活动的新据点，便是我们参与的这个名为"同一个屋檐下"的洛桑分校的艺术工坊Art Labo。

具体来讲，我们考虑用"一片大屋顶"统合多种功能。事实上，日本人经常试图使用"同一个屋檐下"的字面意义来建造多样的成员同居的宽敞的"家"。我们希望利用"家"的宽容与温柔，来打破排列着矩形混凝土盒子的大学校园的传统形象。

倾斜的多样性

这样，我们需要关注的是斜屋顶的坡度与屋顶下的开孔这两个课题。如果采用切妻、寄栋（传统屋顶形式的日本名称）等一成不变的屋顶形式，那么引入建筑的项目、与周围环境的关系等也会一成不变，这所新型大学的自由而开放的氛围也就消失了。

让屋顶的坡度随着场所的不同而变化，有向上打开的形态，也有向地面倾斜的形态，由

在全场270 m的整片屋顶的下面统合多种功能

098 / 099

木与钢混合结构立面

屋顶灵感来自本地民家的石铺屋顶

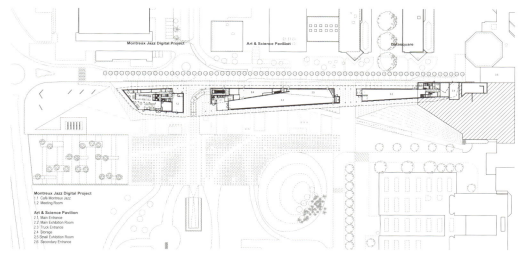

总平面图

赋予屋檐不同的角度与形态，以确定与周围环境的关系

收录案例

用屋檐连接的建筑

此屋顶便产生了动感，建筑与周围环境之间产生了多种对话。这是因为屋顶的坡度、屋顶的材料及屋檐的高度等定义着建筑与周围环境的多样关系。"倾斜"也有许多类型，通过调整倾斜的各种参数，也就调整了建筑与周围的关系。

为了解决第二个课题，我们在屋顶下开了两个大孔，赋予建筑门的功能。这座建筑全长270 m，若做得不好，就会变成截断校园人流的长长的墙。由于开了两个大孔，建筑像巨大的鸟居一般，起到了使校园人流更加活跃的效果。这两个孔空间，是学生们躲避雨淋日晒与相互交流的空间。在此意义上，也可以说这个项目是综合了"倾斜"手法与"孔"的手法的建筑。

屋檐下的孔激活了校园人流

孔的空间

人性化的混合构造

还有一个挑战是新的复合型木结构的提案。使用木结构，能把木头的温暖质感导入建筑中。然而另一个方面，木结构与钢结构相比，无论如何都会变得更粗大，从而影响空间的通透性与开放感。于是我们用在两块打孔的钢板中间夹上人造木材的三明治一般的构造作柱与梁，最终成功地让它们不那么粗大。通过使用这种复合的构造系统，我们获得了一种既不是木结构也不是钢结构的新构造框架的表现形式。

通常在公共建筑中，谋求大跨度与大空间往往会使结构部分变得粗大。粗大的结构体让空间变得毫无品位，无论如何都会失去家一般

用打孔钢板夹合木制胶合板的三明治式的复合构造体系形成的架构

收录案例

混合结构的天花

的亲切的感觉。我们为了在公共空间找回家一般的亲切的感觉,做出的其中一项努力便是打造这种木与钢的混合结构。在此项目中,我们把所有柱子的宽度都控制在了 12 cm。

在日本,最常见的木材的尺寸是 10.5 cm×10.5 cm,木制柱子的宽度为 10 cm 左右,相对纤细,而且这种纤细赋予空间亲切感、温和感与通透性。即使在这种大学校园的大跨度的公共空间中,我们也设法保留 10 cm 尺寸带来的人性化感觉,于是便选择了木柱与钢板的三明治方案。

我们把两块钢板夹一块木料的总尺寸全部控制在了 12 cm。在跨度大需要高强度柱梁的地方,将钢板做得厚一点,木料做得薄一点;反之,则将钢板做得薄一点,木料做得厚一点。利用这种混合结构保持构造部分的人性化尺度的方法,也被用在了新国立竞技场屋顶的支撑结构上。

尽可能小地统一柱子宽度,赋予空间亲切感

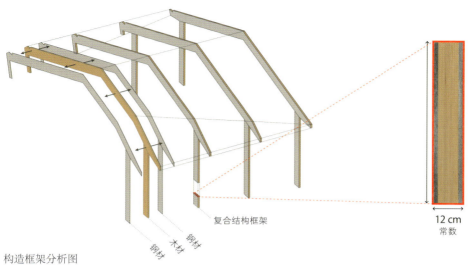

复合结构框架

钢材
木材
钢材

12 cm
常数

构造框架分析图

以木与钢的混合结构赋予了公共建筑家一般的人性化的感觉

设计：隈研吾建筑都市设计事务所、CCHE
结构　江尻建筑构造设计事务所
设备　BuroHappold Engineering
施工：Marti Construction SA
用地面积：13 500 m²
基底面积：2300 m²
总建筑面积：3500 m²
层数：地上 2 层
结构：木结构/钢框架
建设：2012.05—2016.11

收录案例

波特兰的日本庭园

紧凑城市的先驱波特兰

美国西海岸俄勒冈州的波特兰是被称为紧凑城市先驱模型的城市。而像洛杉矶这样扩张得很大的城市，必须要依靠汽车，很难降低人均能源消耗与二氧化碳排放量。

相反，波特兰以建设可持续发展的紧凑城市为目标，受到世界的关注。

完善路面电车（也被称作LRT）与巴士等公共交通，把街区（即道路与道路围合起来的用地）的标准尺寸降低为40 m，这是波特兰步行有趣的原因之一。顺便说一下，纽约的街区标准尺寸约为80 m，而据说人造城市巴西利亚的则为100 m。

两者都超过波特兰的两倍，从一条街走到另一条街会让人非常疲劳。

在文化上，波特兰也是独一无二的。20世纪60年代出现了席卷美国西海岸的反体制的嬉皮士文化，它的代言者们批判地价与房贷过高的旧金山与洛杉矶等城市，纷纷集中到安静而又有更多绿色的、物价与税金都不高的波特兰。这种反体制、反权力的重视环境的文化，至今依然强烈影响着波特兰。

倾斜的庭院

对紧凑城市来说，公园也是非常重要的元素。波特兰因3个公园而闻名于世。第一个是位于城市边缘的玫瑰园；第二个位于比玫瑰园更高的山上，即我们参与设计的日式庭园；第三个是位于城市里的中华园。包容多元文化的波特兰人的开明也反映在这3个公园中。对于

可动构件使得庭院与室为成为一体

紧凑城市来说，仅仅紧凑是不够的，多样性与文化的包容性也非常重要。

　　日式庭园建于1967年，是由认为有必要建造联系美国与日本的文化设施的有志之士们主持建设的。主持庭园设计的是在东京农业大学与康奈尔大学学习造园术的户野琢磨。

　　户野先生灵活运用了波特兰富有高低差的地形，把多种日式庭园的样式——平庭、池泉环游式、茶庭、石庭——和谐地组织到了一起。各个小庭园又被布置在不同高度上，由此产生了多种多样的倾斜关系。

　　一言以蔽之，波特兰日式庭园是"倾斜"的日式庭园。我认为，学习了日本造园术之后，又在康奈尔大学学习西欧景观学的户野先生自身的自由度、倾斜感，催生出了既不是西欧式庭园又不是传统日式庭园的第三种庭园——倾斜庭院。

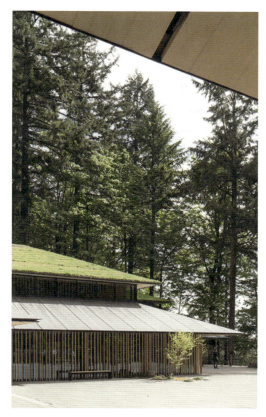

与绿化屋顶产生对话的景观

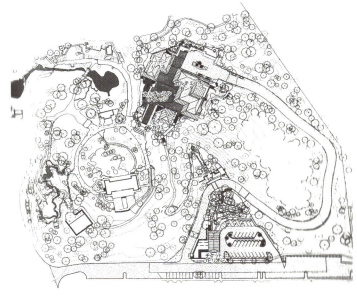

总平面图——花园房子文化中心
文化村

在户野先生之后,还有日式庭园设计的专家常驻在现场,提供持续维护。随着植物、苔藓等的生长成熟,庭园的品质也在逐年提高。这次我们协助的景观设计师是在前8位庭园理事之后担任第一代庭园馆长(2008—)的内山贞文先生。

对于日式庭园,高水准的维护是必需的,而波特兰在庭园维护上的巨大投入使其获得了"日本国外最棒的日式庭园"的美誉。

日式庭园的另一个独特之处是,它不仅是面向市民的一个庭园,还在当初就结合庭园建造了可以展览和举办讲座的博物馆。这座博物馆持续策划着高品质的展览会,据称是美国最活跃的"日本文化中心"之一。它还积极介绍阿伊努文化,并将包括侘寂(Wabi Sabi)在内的部分日本文化引入美国。日本有一些优美的庭园,但是没有一个像这样拥有如此多样的博物馆功能的庭园。

毋庸置疑,庭园是表现日本文化最深部分的媒介,能够让人在其中漫步后瞬间感受到日本文化。我相信,庭园与博物馆的一体化设计是未来向世界传播日本文化的强有力的方法。

作为一个村庄的博物馆

我们在这里提出的方案是被称为"村庄"的建设形式。我们考虑的不是建造一栋大建筑,而是集中设置"小的建筑",并使其成为具有不同功能的"小房子"。这次需要新增日本造园需要承担的教育的功能,还要补充餐饮、商业、展览等功能。

世界上喜爱日式庭园的人比想象中的要多,但让他们认识造园设计的学校并不存在。在此意义上,波特兰的这个日式庭园就成为源自海外的日本本土都没有的日式庭园教育中心。

创作倾斜的雁行规划

我们集中设置具有各种功能的"小房子",然后在中间建起"村庄"的广场——中庭。作

树林中活用了富有高低差地形的"村庄"

为构成单元的"小房子"以雁行形式围绕着中庭。把小单元逐个错位连接起来的平面规划叫作雁行规划。它因为像成群的大雁在天空中飞翔而得名。二条城与桂离宫便是这种规划的代表。

雁行规划的特征,是在单元之间创造许多折角空间(阳角与阴角)的同时,联系起各个小单元。因此,也可以把雁行规划视为最高水平的"倾斜的规划"。因为有许多阳角,所以雁行规划的建筑能与庭园紧密联系。阳角是向庭园突出的像飞起的栈桥一样的场所。在这个项目中,我们在阳角部分采用了推拉式玻璃门,天气好的时候可以把它们都打开,让阳角部分完全变成室外空间。

这个被称为阳角的场所的另一个有趣的地方是,人在这里必然会回转。如果是桥,那就是到对面的世界,方向不变。然而在雁行规划的阳角部分,本来往左走的,却需要在这里往右转 90 度,眼前所见也转了 90 度,这样就能让我们从不同角度欣赏庭园。如果去过二条城,就会实际感受到它在阳角部分回转的乐趣(参见前面的图 47)。

在此意义上,雁行规划是包含了无数个小回转的大斜坡。

西欧建筑与庭园基本上以一条直线为轴互相联系。法式庭园是典型的轴线主义的设计,而在以自然与建筑的有机关系为特征的英式风景庭园中,也多见用轴线联系建筑与庭园的情况,而不怎么使用倾斜的手法。

雁行规划不使用轴线,利用回转与倾斜等设计,能在庭园与建筑之间创造其他庭园中没有的紧密联系。在波特兰的这个项目中,我们彻底挖掘了雁行规划的可能性。

与里山的倾斜连接

我们对各个"小房子"都做了屋顶绿化,并把其中几个屋顶埋入后山的斜坡里,使建筑群与山融为一体。为了营造绿化屋顶的轻盈感,我们使用了多孔陶瓷面板。因染布工艺而产生

雁行式规划设计带来庭院与建筑的亲密关系

的这种独特的回收材料,使这种细节设计得以实现。建筑与景观的界线几乎消失了。这样,建筑与后山,或者中心的广场与后山被倾斜着联系在了一起。

在传统的日本木结构建筑中,不能像这样把建筑物埋入山体里。木结构不足以承受土的压力,防潮的问题也不容易解决,因此传统的木结构建筑无法嵌入景观。现代技术出现后,这种形式的建筑与景观的一体化才成为可能。

日本的村庄基本上都背靠着后侧被称为里山的山丘,前面是水田或旱地。平野与后山被倾斜着联系起来,村庄便处在这中间。

与此同时,在中国,人们常说大地与天空垂直着联系在一起。典型的城市住宅形式四合院以中庭这个孔作为媒介,垂直联系起大地与天空。

在日本,不是天这种抽象的存在,而是里山这种具体事物与人们居住的空间倾斜着联系在一起。在这个波特兰的项目中,我们能够用现代的眼光重新审视这种斜向的关系。

地址: 美国俄勒冈州波特兰市华盛顿公园 701
设计: 2013.01—2015.07
建设: 2015.08—2017.05
功能: 池泉环游式庭院、茶园、花园、假山庭院、咖啡馆、画廊、工作室、活动空间
结构: 钢框架结构
桩基: 文化中心、花房、售票亭采用 Beta 基础
　　　茶 - 咖啡馆采用壁基础、附地锚
用地面积: 庭园整体 3.7 ha;本规划设计案 1.4 ha
基底面积: 949.2 m²
总建筑面积: 1431.9 m²
层数: 地上 2 层
最大高度: 8274 mm

由当地木材制成的百叶覆盖的博物馆内部

由木制的倾斜要素构成的室内

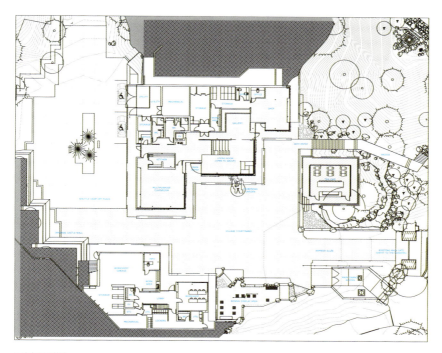

二层平面图

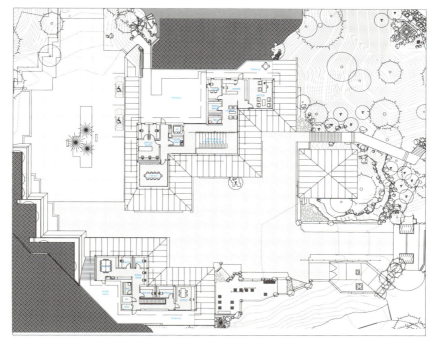

一层平面图

收录案例

新国立竞技场

1964 年 VS 2020 年

希望建造一座与为 1964 年东京奥运会所建的体育馆形成对比的建筑，我们把这种想法作为这个项目的设计基础。

日本在 1964 年处于高速发展的顶峰，工业化社会，即混凝土与铁的时代的最高点。象征 1964 年的便是丹下健三（1913—2005 年）的国立代代木体育馆（1964 年）。向天空耸立的两根混凝土支柱支撑起大屋顶的造型，正是高速发展的上升势头在建筑上的诠释。

而 2020 年属于一个完全相反的时代，这成为我们的新国立竞技场的设计出发点。与面向天空垂直性地宣扬胜利的丹下先生的设计不同，我们重视依附于大地的水平性。我们设计了 5 层互相重叠的大屋檐，以及在这倾斜的屋檐下制造大片阴影的断面形式。我们重点设计影子，而不是光，做出了一种象征少子高龄化社会的设计。

用屋檐联系

日本建筑非常重视屋檐下的阴影。在多雨、夏季湿热的气候中生活的日本人，在巨大的斜屋顶下避雨遮阳，享受自然风，想方设法度过每天的生活。

国立代代木体育馆是混凝土与铁结构向天空伸展的设计

被明治神宫内苑、外苑和新宿御苑等的绿化环绕的体育馆的远景

然而，20世纪从西欧引进的现代主义建筑是一种不喜欢阴影、不喜欢屋檐的盒子状建筑。它们适合高纬度地区光线弱、雨水少的西欧气候，但并不适合日本的气候。然而，它们仍然作为流行风尚被引进日本。

在新国立竞技场项目中，我们考虑用大屋檐的影子来重新联系森林与场馆、自然与建筑。另外，在屋檐的内侧使用木材，让檐下空间变得更加亲切、柔和。

我们试图用日本传统建筑广泛使用的木材来实现以混凝土、铁为材料的20世纪的现代主义建筑绝对无法创造的空间。

我们将在屋檐上面种植东京本土的绿色植物，让绿化与建筑融为一体。实际上，屋顶绿植在日本并不少见。日本人有一种独特的温柔设计：在茅草屋顶的顶部种植开花植物，称之为"芝栋"（种草的建筑）。在新国立竞技场项目中，我们也引入了这种乡村民家的朴素感。

小径木的体育馆

用于屋檐内侧的木材是被称为小径木的在日本广泛流行的便宜材料。截面尺寸在10 cm左右的木材被称为小径木。采用日本本土工艺建造的木结构建筑，几乎都只用这种材料来做柱与梁。这种材料几乎在日本全国都能买到。因此我们考虑用日本人最熟悉的建筑材料来建

法隆寺五重塔

让人体会到5层屋檐的层叠感的南侧入口

造让全体日本人团结一心的国家体育馆。而且小径木的尺寸也决定了它具有让人们安心、舒适的粒子感。这是因为与人的手腕和脚的粗细相当的尺寸是令人安心的尺寸。

未来，它可能被扩建到 8 万人的规模，成为一个巨大的体育场。所以我们认为用这种细小的粒子来构建它是非常重要的。

屋顶桁架的下弦杆采用了唐松人造材，上下弦杆之间的斜梁采用了杉树人工材，这样屋顶被木材与钢材的混合结构支撑着。

我们最担心的是人造木材的尺寸。只有最先进的人造木材工厂才能生产出制作高 1～2 m 梁的巨大集成材。

然而我认为，如果只有最先进的木材厂才能参与项目，那么新国立竞技场就不能称为与日本这个场所适应的开放的体育馆。我们想用这个小国家的所有小木材工厂都能生产的尺寸的木材来支撑新国立竞技场的屋顶。因为我们考虑到今后的日本所需要的并不是夸耀大企业先进技术的令人骄傲的国家体育馆，而是小工厂也能参加的民主的建筑体制。

小体育馆

我们认为，用小径木组合建造成的"小体育馆"，必须尽量低矮。场地所在的外苑有 1958 年建成的容纳 54 244 人的旧国立竞技场，它的照明灯的顶部高 60 m。而首次竞赛中标的扎哈·哈迪德的方案高 70 m。

我们将 50 m 以下作为目标，首先尽可能低地设定了地坪标高。3 层的观众席也为尽量靠近地面而按照低水准设定。另外，使最上部支撑屋顶的结构高度最小。最终把体育馆的最大高度降到了 50 m 以下。我们认为与大地一体化的、融于东京绿地中心的"小的"竞技场，与日本少子高龄化、低速发展的 21 世纪 20 时代非常般配。

新国立竞技场周边的绿地：明治神宫、新宿御苑、赤坂离宫及皇居，位于东京的一条重要绿轴上，神宫外苑是非常重要的"节点"。新国立竞技场的所在地是东京都内与木材最般配的场所

向市民开放的体育馆

我们希望设计即使在没有体育赛事的时候也能向市民开放的空间。这个场地曾经有涩谷河流过。于是我们设计了一条能延续涩谷川记忆的水道。我们认为在没有体育赛事的日子里，市民为亲近小溪而来游玩的体育馆，正适合 2020 年。

我们在最上层的外围部分设计了名为"天空森林"的空中长廊。一圈 850 m 的长廊可供慢跑、散步和约会。我们认为今后必须越来越多地在公共建筑中增加这样的开放空间。

体育场不仅为体育赛事而存在，也必须作为日常生活的一部分而存在。今后的时代需要能和谐联系日常生活与大型活动的建筑。

地址：东京都新宿区霞之丘町 10 番 1 号

设计：2016.01—2017.01

大成建设、梓设计、隈研吾建筑都市设计事务所联合体

建设：2016.10—2019.11

功能：体育馆

结构：钢框架结构、部分钢框架钢筋混凝土
　　　（屋顶桁架：木材与钢框架组合结构）

用地面积：113 039.62 m²

基底面积：72 406 m²

总建筑面积：194 010 m²

建筑密度：64.07%

容积率：1.06

层数：地上 5 层，地下 2 层

最大高度：49 200 mm

土地利用：第二类中高层住宅专用地、准防火地域

（注）• 效果图是预想的完成状态，可能与实际不同。
　　　• 所示植栽是完成后 10 年的预想状态。

明治神宫满是绿植的参道与木制的鸟居

明治神宫的树林

新宿御苑

赤坂离宫

收录案例

歌舞伎座

歌舞伎座的变迁

日本明治22年（1889年），筑地挽町建成了最早的歌舞伎座。在那之前，表演歌舞伎的剧场还有好几处（中村座、市村座、森田座、山村座），但是，以认为有必要建造一座让欧美人到访也不会觉得尴尬的大型西洋式剧场的福地樱痴（记者，与福泽谕吉并称为西洋通）为中心，令人惊讶地建起了拟洋风建筑形式的第一代歌舞伎座，它让联想到巴黎歌剧院。

然而，1911年西洋式的帝国剧场完成后，在歌舞伎座适合采用日本传统设计方式的呼声中，进行了外部改建，成为第二代歌舞伎座（1911年）。1924年，东京艺术大学教授、

中央区银座4-12-15

擅长运用西洋风格与日式风格的被称为建筑样式集大成者的冈田信一郎（1883—1932年）主持改建完成了第三代歌舞伎座。

在第二次世界大战的空袭（1945年）中，歌舞伎座遭到巨大破坏。1951年，同为东京艺术大学教授、被称为近代数寄屋风格创始人的吉田五十八（1894—1974年）用第三代的残存部分完成了第四代歌舞伎座。我们参与设计建造的歌舞伎座已经是第五代。

歌舞伎座正立面：塔楼立面与剧场部分对称

日本式的世代传承与建筑 / 歌舞伎座

像歌舞伎演员袭名一般，歌舞伎座也从第一代开始一代一代地传承传统与名字，这非常日式。也可以说，这是一种日本式的世代传承方法。

袭名体制的有趣之处在于，沿袭名字的同时也作为别人而再生。而且不只是让自家孩子沿袭名字，让别家的孩子沿袭名字这种事也经常发生，非常灵活。灵活的同时，名字每被沿袭一次，含义也加深一次，所以有时也会意外地展现出其本质意义。袭名就是这样一种柔软而深刻的体制。

我想：在日本的建筑里采用袭名的传承体系不也挺好吗？伊势神宫就采用了袭名式的保护体制。伊势神宫因有被称为式年迁宫的每20年重建一次的体系而闻名，这种方法从8世纪开始一直被沿用到现在。

事实上，每次重建，伊势神宫的设计都会有细微的变化。甚至还经历过更改屋顶角度的大变化。主持重建的当事者不是在追求所在时

第一代歌舞伎座
1889 年

第二代歌舞伎座
1911 年

第三代歌舞伎座
1924 年

第四代歌舞伎座
1951 年

歌舞伎座与周边：新设街角广场，疏解出口人流

收录案例

代的新设计,而是在不断追求伊势神宫的本质。即使这样,神宫也灵活地变化着,这与袭名非常相似。

我们也怀着这样的心情设计了新的歌舞伎座。也可以说是袭名第五代。在石头建的欧洲,没有这种频繁改建、重建的情况。正因为是在以木结构为基础,且要面对许多大地震、大火灾的日本,才会以这种频率反复对建筑进行"袭名"。

歌舞伎座的名片:斜屋顶

这次还必须在歌舞伎座这个剧场上面建摩天大楼。因为只凭借私企松竹的力量,为了筹措到重建的资金,就必须在上面建办公楼,并从中获得收入。

即使它与摩天大楼复合起来,也必须延续歌舞伎座的存在,这该怎么办才好?歌舞伎座的袭名要怎么办才好?这是我考虑到的两件事。

一是,不改变"带屋顶的剧院"这一结构。毋庸置疑,从第一代到第四代延续下来的屋顶——斜面的设计确定了歌舞伎座的身份,这是它的名片。场地周围的建筑都变成四角方正的盒子之后,歌舞伎座斜屋顶的重要性进一步增加。正因为这个斜屋顶,它才看起来像是我们所熟知的歌舞伎座。

然而,想从技术上保持这个倾斜并不容易。为了保留沿晴海街的正面的屋顶,我们索性将高层塔楼部分后移。但这就意味着高层塔楼不在门厅的上方,而必须在舞台的上方。

门厅有柱子还可以接受,但舞台部分是不能有柱子的,所以在舞台上方建高层塔楼,在结构上十分困难,世界上也没有什么先例。虽然世界上有不少在剧场上方建高层的例子,但是几乎都是在门厅的上方建高层塔楼。

宽广的台口(剧场舞台帷幕前的部分)

东京歌舞伎座的舞台因台口部分的宽广

包含地铁站出入口的歌舞伎座的外立面与新设的街角广场

116 / 117

剧场上部的塔楼

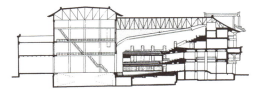

第四代歌舞伎座的剧场剖面图

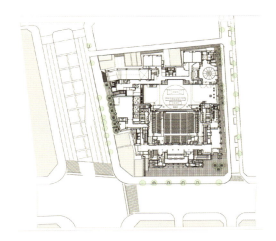

一层平面图

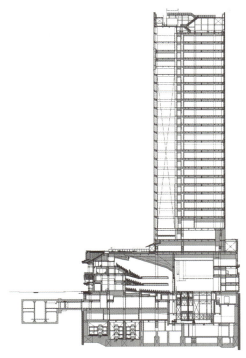

第五代歌舞伎座的塔楼一体化剧场剖面图

塔楼标准层平面图

带公园与日式庭园的五层平面

收录案例

连接地铁进站口的兼防灾的地下广场

门厅：保留过去的红色圆柱印象，设置再利用的扶手

门厅里复原的地毯

从舞台看观众席：椅子更大，天花更高

（27.5 m）而闻名。虽然在日本剧院中，横向很长的台口是必备特征，但是东京的歌舞伎座更长。大阪、京都的歌舞伎座也不能与之相比。戏剧评论家渡边保写道：正是这个压倒性的台口尺度，才让东京歌舞伎座被视为真正的歌舞伎座。

为了把塔楼建在这个巨大的无柱空间之上，我们使用了一种杂技般的解决方案：用两层楼高的、跨度为 38 m 的巨大桁架来承受塔楼的荷载。因为跨度很大，桁架会因塔楼荷载而明显变形。为了纠正这个形变量，我们采用了一种特别的方法：把千斤顶设置在桁架的端头部位，在不断矫正形变量的同时对塔楼部分进行施工。就算做到这种程度，我们也依旧想保持歌舞伎座的"倾斜"。

物质与时间

另一件重要的事是，我们尽力再利用了吉田五十八先生在第四代建筑中所用的材料。构成天花板的木材、门厅的扶手，能用的所有材

料都被利用在了新剧场里。对于破损过于严重而无法使用的部件,我们用与过去技术相近的工艺重新制作并投入使用。

原门厅的地毯已经丢失,但是我们还是借助照片,与山形县的手工织造匠人合作,使它得以重生。我们找到了第四代歌舞伎座的竣工照片,并根据照片找到了当时的制作单位(东方地毯)。

通过结合这种"小保护"和"小再生",我们重现了上一代歌舞伎座的氛围。

我认为物质是传承"时间"的最佳媒介。数字化的数据永远不会变旧,但是,它没法体验时间流逝带来的成熟。

通过谨慎地使用物质,我们将使得"时间"在物质中慢慢积累。因此,通过重复使用在旧建筑物中使用的材料,我们可以接受并传承流经那些建筑与材料的时间。

因此,以袭名体制来讲,建筑材料的再利用也是非常重要的。歌舞伎演员们也非常珍视前代演员用过的东西。他们告诉我"它与过去一模一样哦",我认为这句话是对我们最大的褒奖。

改变过去的东西很简单,但要保持它与过去一样的模样会非常困难。如果不积累微小的努力,是没法做得与过去一样的。与过去相同,而且还有细微变化,这样就能让人们感觉到一些亮点。这便是袭名这种保存方法的有趣之处。

地址:东京都中央区银座 4-12-15
设计:2008.01—2010.09
建设:2010.10—2013.02
功能:办公室、剧院、店铺、停车场
结构:钢框架结构(地上)、钢筋混凝土(地下)
桩基:直接基础
用地面积:6995.85 m²
基底面积:5905.62 m²
总建筑面积:93 530.40 m²
建筑密度:84.41%
容积率:11.79
层数:地上 29 层,地下 4 层,塔屋 2 层
最大高度:145 500 mm
土地利用:商业用地

从舞台看观众席:椅子更大,天花更高

收录案例

La kagu

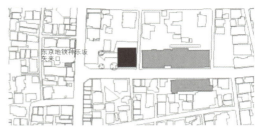

区位图

神乐坂的魅力

神乐坂是在东京的历史街道中保存最好的很有魅力的街区。它保留了车辆无法进入的狭窄坡道，是简·雅各布斯所赞美的蜿蜒道路的宝库。在这样适合步行的人性化地区里流过的时间，是东京的宝藏。这里还保留了许多木结构建筑，这些木结构建筑构成了神乐坂的粒子。

在东西向上贯穿神乐坂地区的神乐坂道的西端，与另一条轴线——大久保中央大道交叉的场所，便是本项目的场地。我们的课题是，如何重新利用昭和时期出版社的钢架结构外挂波形石板的仓库。这个仓库几十年来一直没有被使用，处于废弃的状态。尽管这里是面向地

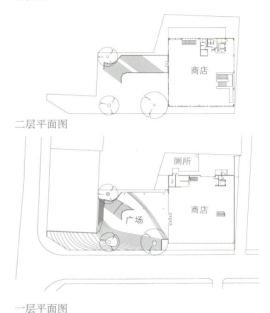

二层平面图

一层平面图

由阶梯广场自然过渡到一、二层

铁站出口的街道的重要交叉口，但是被投币式停车场与废弃封锁的仓库占据了。这个黯淡荒废的场所变成了神乐坂的一个污点。

地形这个有生命力的事物的重生

为了让这个地方重获生机，我们没有选择新建建筑，而是灵活根据场地地形提出了阶梯式广场的方案。

最初在场地上就有平整土地留下的高差，因此在过去这个场所没有得到很好的利用。所以我们考虑用木甲板创建新的地形来消除高差，将交叉路口与仓库平缓地连接起来，这样人流就自然地涌入了这个场所，场所便重获生机。

总之，20 世纪是一个用平整土地的人工行为抹杀地形这个有生命力的事物的时代。通过平整土地，创建平坦的场所，再在其上建造盒子状建筑的体系支配着 20 世纪。早期城市中留下的精致褶皱与阴影都被平整土地的机械作业抹杀了。

将过去的仓库融入街道景观的 La kagu

例如，罗马最有人气的公共空间之一——西班牙广场，就是灵活运用地形的广场杰作。曾经西班牙广场的高差很大，高处与低处被完全割裂开，人们无法往来。据称，把这些用大阶梯连接起来是教皇格雷戈里十三世的想法。用地形的阶梯消除场地高差的想法，与 La kagu 项目相同。

幸运的是在神乐坂地区，留下了许多精致的地形褶皱。不仅因为神乐坂留下了小而有趣的建筑物，而且因为它留存下了地形，所以它才成为充满魅力的街区。这是因为人类这种生

顺应地形的阶梯广场的夜景

物，在用脚底感受地形的同时，希望与大地紧密连接起来。只要能很好地重新利用地形，场所就能重获生机，人们就会自然地聚集过来。在 La kagu 这个项目中，我们几乎没有把设计精力放在原本建在那里的石板墙仓库上，因为我一直认为地形比建筑更重要。如果草率地直接从仓库入手，留存在仓库里的昭和时光可能就会消失。

大地的复活，大地的工艺

为了恢复大地的柔软感，新设计的阶梯式广场尽可能避免运用直线，而采用曲线设计。

由木甲板做成的"第二个大地"分成两块，一块直接连接旧仓库的二层。把地面延长到二层，使其直接与大地连接，这样就能在二层举办讲座与展览等活动。我们没有使用楼梯这种入口的道具，而是把大地作为道具，将人流引到二层。

"大地的工艺"的方法也将在未来的城市设计中发挥重要作用吧！

在此项目中，比起坚硬的广场，柔软的广场更有必要。这是因为人们需要在城市中也能感觉到大地的柔软。在 La kagu 项目中，使用木材作为地板材料也起到了柔化效果。地板对人们的心理有很大影响。

比起石头或砖块铺设的广场，固化土壤得到的三合土的地面（在 Aore 长冈项目中使用在了广场上）与 La kagu 的地面更能给人一种亲近大地的感觉。

这是因为人类总是与地面直接接触。只要没有在空中飞行，就只能接触地板并紧贴地面，这样就很容易受到地面的影响。

埋藏在细节中的时间

建筑原本是出版商放书的仓库，是 1969 年以功能为导向建成的低成本建筑，并不是具有历史文化价值的特别建筑。然而，我在这个仓库中发现了不少有趣而温暖的东西，譬如它的薄钢框架的组合构造等，与目前的钢框架结构略有不同。

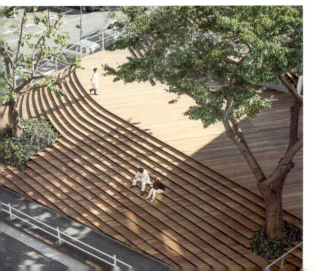

具有大地柔软感的曲线木甲板

木甲板的上部与地铁站出入口连为一体

那时与现在相比，材料成本与人工成本之间的关系是不同的。因为材料成本超过人工成本，所以才造出了那种纤细的构造体。在那个时代没有什么特点的细节，到了现在，就变成了反映那个时代经济与社会关系的宝贵媒介。

为了展示那个时代的独特细节，我们将天花板完全暴露在外。即使不是历史文化建筑或者有名的建筑，老建筑里也会有各种有趣的东西。如果把它们原样呈现出来，连接到当前的时间上，那么这个"当前"将获得非常丰富的时间内涵。

地址：东京都新宿区矢来街 67 番地

设计：2013.03—2014.03

建设：2014.04—2014.09

功能：服装店、杂货店、家具店、咖啡馆、书店、报告厅

结构：钢框架结构

桩基：直接基础

用地面积：1283.34 m²

基底面积：626.93 m²

总建筑面积：962.45 m²

建筑密度：48.95%

容积率：0.75

层数：地上 2 层

最大高度：9876 mm

土地利用：商业用地、近邻商业用地、第一类中高层住宅专用地、40 m 高度地区、30 m 高度地区、20 m 第二类高度地区

阶梯大样

保留了仓库痕迹的商店内部

收录案例

Entrepot Macdonald

区位图

做"加法"的保护

在巴黎北边的城市边缘、环状道路（被称为 Bd Périphérique）与货运铁路相交的面向 Macdonald 大道的土地上，1970 年，全长 616 m 的大型物流仓库建成。

然而，随着物流系统的变化，不再需要这个大仓库。2007 年，OMA 被选为总体规划人，在保护既存的 2 层大仓库的同时，将其划分为 6 个区块进行翻修的独特的建筑保护规划得以实现。

这是一个与后工业化时代相适应的再利用规划。负责各个区块的建筑师们需要同时重建既存建筑，并设计上部的增建部分。

通过把 600 m 的长度划分为 6 部分的减法方式，试图保护工业化时代巨大的反人性建筑；同时又通过增建的"加法"来找回适应城市的人性化尺度。这是一种适合现代的想法。

每个区块都举办了建筑竞赛，我们被选为最西端的建筑师，设计包括小学、初中与社区功能的体育综合体。

用屋顶来联系

五位负责其他区块的建筑师都提议在现有

在既存的 2 层物流仓库之上架设薄屋顶，消除坚硬感

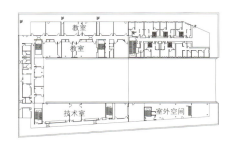

三层平面图

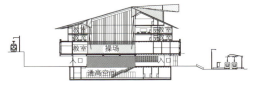

剖面图

的混凝土盒子上增加新的盒子,与之相对,我们更关注"时间"。我们提出了在既存的盒子上架设薄屋顶的方案。

我们想通过引入屋顶,即一个倾斜的元素,重新连接原有的盒子、天空与大地。我希望通过架设屋顶,消除物流仓库的坚硬感,并增加家一般的柔软元素。小学、初中、区域体育中心等,因儿童与本地要素才是主角本身,应该与斜屋顶很般配。

我们精心考量了屋顶的制作方法与材料。我们认为这个屋顶需要像木制住宅的屋顶一般柔软、轻盈。因此用细钢骨构成屋顶的框架,用唐松制的板材做野地板[1],从下面往上看时,野地板成为建筑的主角,这是一种能够让人感受到木头质感的设计。

在设计屋顶时,如何呈现檐下空间是最重要的。在日本传统建筑与作为其原型的中国传统建筑中,檐下空间都是最受重视的部分。在

因导入倾斜的要素,重新将这个"盒子"与天空、大地相连

1 屋面瓦片等的下垫材料,位于防水层之下、屋顶框架之上。——译者注

收录案例

面向中庭的壁面上的百叶采用了巴黎街道自古使用的亚铅板

过去,东亚基本都是木结构建筑,为了保护木制柱子不受雨淋日晒,使屋顶超出柱子与壁面,形成出檐或屋檐,以保护柱子。

换句话说,必须从支柱上伸出支撑屋顶的悬臂结构。如果这样做了,当然可以从出檐的下方清楚地看到屋檐的内侧。

实际上并没有从上面俯瞰屋顶的高视角。相反,我们必须重视站在地上抬头看的视点。所以在中国与日本的传统木结构建筑中,屋檐下被称为斗拱的骨架部分的设计在逐渐发展。

我们也精心设计了这个巴黎建筑的檐下部分。木板的使用,木板的分割、拼接,与支撑它们的钢架的关系,以及那些钢架前端部分的细节等,我们都一一仔细考量。因为这里檐下的钢框架便是现代版的斗拱、垂木,也定义了大地与建筑的关系。如果屋顶做得很好,建筑与大地将自然地联系起来,但是如果只有屋顶很突出,建筑则将会与大地割裂开。

本设计重视站在地面上抬头看建筑的各个视角

用三合院联系城市

与重视屋顶一样，我们也非常重视中庭的形状。在城市里的建筑中，中庭是极其重要的空间。它是介于外部与内部之间，催生各种交流的重要的公共空间。通过中庭，建筑与城市联系起来。在中庭的设计中，我们把目光投向了三合院这种原型。

三合院是一种中国住宅形式的名称，由四栋建筑围合一个中庭的住宅形式是四合院，而由三栋建筑以U形围合中庭，另一边朝外部（例如街道）打开的形式是三合院。在北京等中国北部城市，几乎所有城市住宅都是四合院类型，而在福建、台湾地区等气候温和的南部地区，能经常见到三合院类型的住宅。

在Macdonald大道的项目中，我们采用了三合院的形式，中庭朝西侧相邻的地块打开。因为我们认为，即便用围栏是为了保障安全，向外部打开的设计在现代社区中也非常必要。最终，Macdonald大道的三合院，在小朋友们中非常有人气，随时都有欢声笑语在这里回响。

地址：法国巴黎
设计：2010.02—2012.04
建设：2012.09—2014.09
功能：小学、中学、体育中心
结构：钢筋混凝土、部分钢框架结构
用地面积：6500 m²
基底面积：4724 m²
总建筑面积：16 744 m²
建筑密度：72.67%
容积率：2.58
层数：地上6层，地下1层
最大高度：32 640 mm
其他：Paris Nord Est 再开发地区

围合成U形的三合院型的中庭向城市开放它的设施

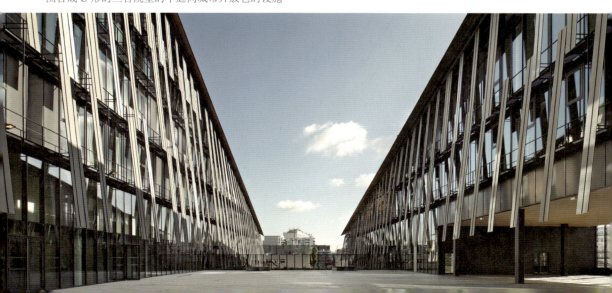

收录案例

时间

北京前门地区

网格、胡同与四合院的二重结构

北京曾经是拥有独特的二重结构的城市。中华大帝国的首都从被奈良、京都模仿的长安、洛阳开始,基本都是具有格子状的道路形式的城市。然而,即使同样被称为网格城市,形式也是多种多样的。欧美的网格城市基本像纽约一样,在格子状道路的下面没有更低一级的狭窄小路,即都是一重结构。

然而在中国,可能因为格子状街区的划分太大了,在其内部还有被称为胡同的细小街道在相对自由地延伸。面向胡同,则排列着被称

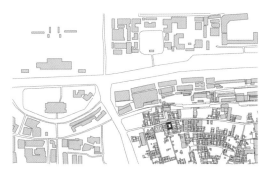

位于胡同地区的隈研吾事务所的区位图

将公共的胡同与私密空间模糊地连接起来的铝格栅的立面

为四合院的中庭型住宅。胡同在世界的街道文化中也是最有魅力的人性化的亲密空间。

在传统中国城市中，皇帝（中央政府）定下的"大体系——网格"与平民百姓的"小系统——胡同"互相重叠，有着不可思议的魅力。中国文化最吸引人的地方便是这种二重性。

然而，近年来的大开发破坏了胡同与四合院，城市充斥着超高层建筑与由店铺构成的满世界都有的无聊的街道。

在被称为"最后的胡同"的北京中心城区的前门地区，棚户区化的四合院被视为问题，处于被摧毁的边缘。然而，在居民与欧美媒体的反对下，政府改变了方针，以保护胡同与四合院为前提，尝试新的再开发模式。

3名中国建筑师、2名外国建筑师，被选中来描绘在胡同与四合院受到保护的情况下，综合利用步行友好的新低层城市的愿景。

连接单元与街巷

我们的方案是既要保护四合院，又要使其向外打开。我们想把中国特有的青砖墙壁围合起来的、对街道完全封闭的四合院的单元，面向街道打开。拒绝车辆、作为步行者空间而重获生机的胡同，以及重新设计的可以被综合利用的灵活城市单元——四合院，在本项目中被重新连接起来了。

首先，在墙壁上切开一个较大的口，挂上组合起来的冲压而成的铝合金材料的栅网，以此统合胡同与四合院的关系，定义公共空间与四合院之间新的关系。

罗马的网络型城市构造（诺利的地图）

铝格栅的"屏幕"统合了四合院中庭与各栋房之间的关系

收录案例

网络型公共空间

20 世纪的城市设计基本上都是纵向划分的。优先考虑隐私，重视个人的资产、所有权与交易利润的社会系统，强化了公共空间与私密空间的割裂关系，把城市和人们的生活变得乏味。

我们的目标是弱化公共与私密之间的界限，让城市被温和地重新联系起来，让街道作为松散的网络重获生机。

18 世纪，诺利（Giambattista Nolli, 1701—1756 年）用他绘制的地图展示出罗马曾经也存在这种网络型的城市结构。在图纸上，像教堂一样的私有建筑中也包含了公共空间，揭示出一种谁都可以把城市作为自己的生活空间来使用的公私融合的状态。诺利把街道、教堂等具有普遍可达性的空间涂成黑色。对于诺利来说，这个城市本身就是一个连续的网络。

保留的四合院入口

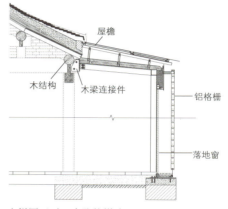

大样图（对四合院的增建）

剖面图

北立面图

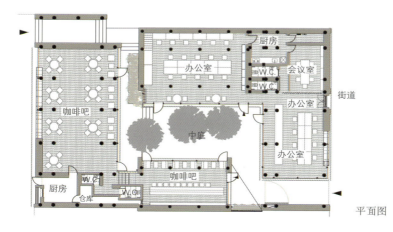

平面图

铝格栅"屏幕"依据方向控制视线

四合院的屋顶由木结构支撑

我们希望通过使用连接起建筑的"时间""孔""粒子"等词,再次重建这个网络状的城市。把破碎的20世纪的城市街道再次连接为一个整体。

地址:中国北京前门地区

设计:2015.03—2015.05

建设:2015.05—2016.12

功能:办公/餐饮(咖啡馆)

结构:木结构

桩基:带状基础

用地面积:562 m²

基底面积:393 m²(办公空间:197 m²/餐饮(咖啡馆):196 m²)

总建筑面积:393 m²(办公空间:197 m²/餐饮(咖啡馆):196 m²)

建筑密度:70%

容积率:0.70

层数:地上1层

最大高度:6500 mm

其他:住宅地域

倾斜地保留一半的青砖墙。从这半敞开的办公室看向胡同

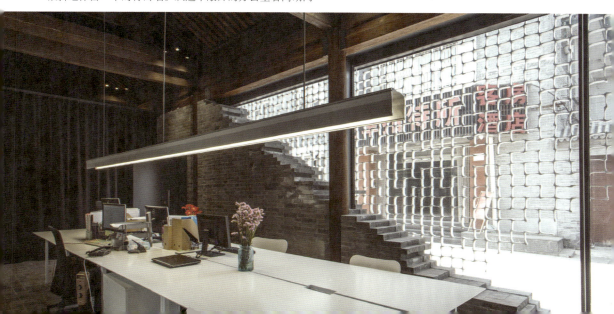

图版、照片列表

绪　论

图1、2、3、10、25、36、37、52：《近代建筑史》，铃木博之编（市谷出版）

图4、19、20、21：《场所原论》，隈研吾著（华中科技大学出版社）

图5、18、33（a）、33（b）：隈研吾建筑都市设计事务所

图34、53：北生康介

图6：《城市建设艺术》，Camilo Sitte（英文版封面）

图7：《没有建筑师的建筑》，Bernard Rudofsky（英文版封面）

图8：《建筑的复杂性和矛盾性》，Robert Venturi（英文版封面）

图9：五十岚太郎

图11：《美国大城市的死与生》，Jane Jacobs（英文版封面）

图12：《S, M, L, XL》，Rem Koolhaas（英文版封面）

图13：《小建筑》，隈研吾（日文版封面）

图14：佐藤勉

图23、43：大塚雄二

图15、22、31：铃木信弘

图24：八代克彦

图26：Exploring Rome: Piranesi and His Contemporaries, Centre Canadien d'Architecture, 1993

图27、28：《勒·柯布西耶全集》

图29：《建筑史》，藤冈通夫他（市谷出版）

图30：《西洋建筑史图集》，日本建筑学会（彰国社）

图32：市谷出版

图35：FUJITSUKA Mitsumasa

图38、39、40：《日本的传统木造建筑》，光井涉（市谷出版）

图41、42：三宅由佳

图44：蓬皮杜建筑竞赛募集方案（让·努维尔事务所HP：五十岚太郎提供）

图45：图苏大学图书馆募集方案模型（来自《S，M，L，XL》）

图46：横手义洋

图47、48：大村和哉

图49：谷歌

图50：Robin Middleton, David Watkin, Neoclassical and 19th Century Architecture 1, Electa, 1980, Fig.IV

图51：《保存原论》封面，铃木博之（市谷出版）

图54、55：父亲之墓（隈研吾）

案例

Starbucks 太宰府天满宫参道店
照片：Masao Nishikawa，图纸：隈研吾建筑都市设计事务所

丰岛 Eco-museum Town
照片：日本设计（川澄、小林研二写真事务所），图纸：日本设计
帝国大厦：《超高层事务所建筑》（市谷出版）
西格拉姆大厦：《近代建筑史》，铃木博之编，市谷出版

北京茶室
照片：Koji Fuji/Nacasa & Partners Inc.，图纸：隈研吾建筑都市设计事务所，Milano Salone's Water Block•Water branch House：《场所原论》，市谷出版 Home delivery 展：MOMA Poster

贝桑松（Besançon）艺术文化中心
照片：Nicolas Waltefaugle，图纸：隈研吾建筑都市设计事务所

Aore 长冈
配置平面图：市谷出版，照片：FUJITSUKA Mitsumasa，图纸：隈研吾建筑都市设计事务所

饭山市文化交流馆 Natura
照片：FUJITSUKA Mitsumasa，图纸：隈研吾建筑都市设计事务所，Natura 周边（市谷出版），雁木：共同通信 Images，朗香教堂：《近代建筑史》（铃木博之编，市谷出版）中道的三叉：市谷出版

帝京大学附属小学
照片：Takumi Ota，图纸：隈研吾建筑都市设计事务所，银座松竹 Sukea、浅草旅游文化中心：Takeshi YAMAGISHI

中国美术学院民艺博物馆
照片：Eiichi Kano，图纸：隈研吾建筑都市设计事务所

九州艺文馆
照片：Hiroyuki Kawano、Erieta Attali，图纸：隈研吾建筑都市设计事务所、新干线车站与九州艺文馆的鸟瞰图：谷歌地图、周围状况：市谷出版

FRAC 马赛（Marseille）
照片：Nicolas Waltefaugle，图纸：隈研吾建筑都市设计事务所

达律斯·米约（Darius Milhaud）音乐厅
照片：Roland Haibe，配置图：市谷出版，音乐厅周边的鸟瞰图：谷歌地图

TOYAMA Kirari
照片：SS•* 铃木信弘，图纸：隈研吾建筑都市设计事务所

瑞士联邦理工学院洛桑分校 Art Labo
照片：Michel Denance、Valentin jeck and joel tettamanti，图纸：隈研吾建筑都市设计事务所

波特兰（Portland）的日本庭园
照片：Jeremy Bittermann，图纸：隈研吾建筑都市设计事务所

新国立竞技场
Parsu 提供（独立行政法人日本体育振兴中心），国立代代木竞技场：市谷出版，新国立竞技场的周边绿地：市谷出版，法隆寺五重塔：《日本的传统木造建筑》光井涉，市谷出版，照片：北生康介

歌舞伎座
配置图：市谷出版，照片：* 小川泰祐，隈研吾建筑都市设计事务所，从第一代到第四代歌舞伎座：歌舞伎座 HP kabuki-za.co.jp "歌舞伎座的变迁"，第四代歌舞伎座的断面图：《建筑资料集成 建筑 - 文化 7》日本建筑学会编，图纸：隈研吾建筑都市设计事务所

La kagu
照片：Keishin Horikoshi/SS Tokyo，图纸：隈研吾建筑都市设计事务所

Entrepot Macdonald
照片：Guillaume Satre，图纸：隈研吾建筑都市设计事务所

北京前门地区
照片：北生康介，图纸：隈研吾建筑都市设计事务所，配置平面图：隈研吾建筑都市设计事务所＋市谷出版，罗马的网络型城市结构（Nori 的地图）："外部空间的构造原理"，来自 ashihara.jp

后　记

本书的内容在日本的建筑教育中是没有人教授的。因为有一种氛围支配着日本的建筑界：体量大的建筑首先就被认为是不好的，与这种不好相关的教学与谈论都没有必要。

"如果大体量的建筑建成了，请说它不好。"这仿佛是日本建筑界的习惯。"那么大的东西被建起来，整个街区就被毁了，还是过去的街道好。"这样讲的人通常会被认为是有智慧和良心的。

然而，这种日本独特的"思考停止"让日本的城市变得更好，变成有人性的空间了吗？恰恰相反，由于缺乏对大体量建筑的具体的实践性讨论，日本的城市空间变得相当无聊。

相反，我试图尽量具体地讨论大体量建筑如何给人们幸福感并成为创造有人性的城市的工具。

从这个角度，我们能以不同的视角看待城市中的大体量建筑。"只要让那面墙再倾斜一点，不就可以得到更有趣的广场了吗？""只要让那个建筑的构成单元尺度再小一点，不就可以让街道焕然一新了吗？"这样的想法开始大量涌现。如果不把这些具体的实际讨论更多地传达给年轻的学生们，就很难培养出受社会尊敬的为社会做贡献的建筑师，我们的城市就不会发生什么变化。

最近，大学的设计课题多是为特定场所提出建造什么类型建筑的方案，但是这个时候，试图挑战大体量建筑的学生往往会成为笑柄。"首先，有必要在这个地方建造这么大的建筑吗？建设资金从什么地方来？这不是浪费纳税人的钱吗？之后的维护又由谁来负担呢？"像这般被老师质问一番后，学生瞬间便畏缩了。既没有社会经验也不太懂经济的年轻人是没法回答这些问题的。

自泡沫经济崩溃以来，社会对建筑的看法变得非常苛刻；但是因此就把这种压力压在学生、年轻人身上，他们也未免太可怜了吧！想必大多数受到这种冲击的学生都会想："建筑什么的还是拉倒吧，在这般压抑的社会里，也不会有啥好事发生了吧！"

但是，我们还是必须好好教导学生：在这个非常重视环境的时代，社会对大体量建筑是抱有先天批判态度的。考虑再三，于是我以这种方式来回答学生：

"突然提出这么大体量的建筑方案，附近的居民一定会发起反对运动哦！时代就是这样哦！你如果就住在附近，应该也会发怒吧！你必须考虑能让那些居民接受的形式与设计，并好好学习向他们解释你的设计的方法。"

我会教给学生以此为前提的、能让当地人接受的具体设计方法、解释方法，以及与对方沟通的方法。重要的是，在这个过程中，也联系上我自己遇到的各种痛点与失败。我希望让学生知道建筑设计这项工作的本质，只有承受住辛苦的过程，才能建起被社会和社区认可、喜爱的建筑。

如果人们都谈"大体量建筑"色变，都不正视大的事物，这个城市就终结了。为了不让城市走向衰落，为了不失去人居场所，我持续讲着我的失败与苦恼的经历，试图表达从这里得到的经验与智慧。

在这种的思考下，我开始写这本《场所原论Ⅱ》（大建筑篇），又名"耐心篇"。因为写长期坚持不懈的过程会没完没了，所以本书以记述最终解决方案为中心。但是这样一来，可能会让人误以为我们在一开始就想出了最优的解决方案。其实这种经历从未有过，我们经受了来自四面八方的打击，身心疲惫地不停推敲、取舍、挣扎，最终才形成了可以在这里向大家展示的优化的解决方案。

即使我想以这种文本形式向大家展示那个不断受到冲击、筋疲力尽的自己，也只会变成故意想要引人注目的东西。如果让你这么认为了，我表示非常抱歉。我想以后会有讲述更加有趣的失败心得的机会。

隈研吾

2018 年 3 月

译后记

在接到《场所原论 Ⅱ》的翻译委托时，我还在东京大学当博士后研究员；写译后记的现在，我已经回国在天津大学任教了。这本书陪伴我度过了人生重要的转折时期，我对它有一种特殊的感情。

2012 年，我来到东京大学建筑学院，有幸师从隈研吾先生攻读硕士学位。在此后的六年间，隈研吾先生的建筑热情和社会责任感深深地感动和鼓舞了我。他不仅设计了众多优秀的建筑作品，而且从未停止对于社会、文化和场所的思考。他在成功运营着"隈研吾建筑都市设计事务所"的同时，也关心着建筑未来的发展方向。隈研吾研究室和小渊佑介数字建造研究室联系紧密，共同完成了多个建筑原型实验。实际上也正是因为这种合作模式，小渊佑介先生在日后成了我的博士生导师。

在硕士毕业多年后，能够有幸参与翻译老师的著作，真是一种美妙的缘分！在此特别感谢徐苏斌老师的介绍与信任。

更要感谢我的朋友、本科同学张锐逸，在我忙于工作面试的时候，她承担了绝大部分的翻译工作。本书涉及一些日本文化和语境中的专有名词，在中文语法中很难准确而简洁地表达。虽然我和张锐逸一起商讨了多次，并加入了一些注释，以帮助读者更好地理解，但是仍难免有一些地方不够精确，请大家包容指正。

可以将这本书的智慧以中文的形式呈现给大家是我们的荣幸。

张烨

2018 年 11 月 23 日于天津大学

在刚接到这部书的翻译委托时，张烨与我多少为自己的日文水平心生忐忑。随着翻译的不断展开，这种忐忑逐渐被感叹与感动取代，感叹汉语语言水平的重要性，感动一位所谓"装修建筑师"的"匠魂"与社会担当。

隈研吾先生早年因《负建筑》与长城脚下的公社·竹屋在国内广受关注。5年前，他以东日本大震灾为契机推出了《场所原论》，并有华中科技大学出版社的中文版面世。5年后，他以东京奥运会场馆建设为契机，通过《场所原论Ⅱ》与大家分享建筑，尤其是大尺度建筑如何与城市环境相融合的体会与实践经验。他批判割裂，用四种设计手法试图恢复与强调建筑与大地、与人的联系。

作为一个热爱建筑的城市规划专业的学生，我曾多次把城市规划与设计的课题做成多个建筑的规划与设计，而在经历了毕业与执业之后，我对建筑的热情也许不再那么热烈和单纯。然而，隈研吾先生的这本书让我在内心数次燃起久违的建筑热情。

在其中一个案例中，隈研吾先生讲，为了使用更多国内小工厂生产的木构件以延续和保护日本小木作传统，他在国家体育场如此巨大的公共建筑项目里，也尽量把构架部件尺寸定得足够小。在另一个案例中，隈研吾先生讲，他用上了前一代建筑的旧扶手，仅通过一张照片寻找原制作单位，便复原了前一代建筑的门厅地毯。隔着书页，我仿佛感受到了他由此而来的振奋与自豪感。

而在两个北京案例及有关中国传统的探讨中，隈研吾先生数次提到胡同与四合院、中国南方与北方的对比等。作为一个日本人，他虽然难免对中国文化的理解有偏差，其解释也不一定与中国人相同，但是他仍然冒险用更大的视角去思索当地的文脉与延续方法，并诉诸了实践。

此外，在介绍自己的作品和分享经验之前，隈研吾先生用整个绪论探讨了社会进程给建筑及建筑师带来的影响，以及这些影响如何割裂了建筑与大地、建筑与我们的关系。相似的情况曾经发生在第二次世界大战后的美国，后来也发生在日本，今后也可能发生在中国等新兴国家。

在日本，不少与社论相关的文章、报刊与书籍，对隈研吾先生提到并质疑的"大量生产、大量消费的商品化社会"也是颇有微词。然而，在许多国家，也包括日本，"扩大需求，促进消费"仍然是政策方针与顶层设计的重要一环。

一味反对商品化是愚蠢的，但我们是否也可以保留一分对大量生产、大量消费型社会的谨慎。兼任商业建筑师与名校教授的隈研吾先生再一次提醒了我们。当然，《场所原论Ⅱ》可能主要面向国家超越顶点、遭遇了一次次摧枯拉朽的社会经济动荡之后的日本人。而起步稍晚的国家和地区，风华正茂，甘之如饴，还没有完全经历也可能不会经历日本的大起大落，因此还没有涉及在社会层面广泛反思建筑或商品化等的课题。

因此对我来讲，《场所原论Ⅱ》更多的不是建筑设计作品集，而是隈研吾先生探讨城市化课题，并提出自己力所能及的优化社会、优化城市环境的想法与实践的汇总。在我执业时期，我的导师经常提到"社会责任感"这个词，时过境迁，我想隈研吾先生便可谓是有此感的建筑师，《场所原论Ⅱ》也可谓是有此感的一本书。

我不迷信大师，但是我相信《场所原论Ⅱ》将带给不同读者许多思考与启发。

感谢徐苏斌老师（天津大学建筑学系教授）促成了该翻译项目。感谢焦钰淇女士（东京工业大学建筑学系博士）给予的两个案例的翻译帮助。感谢华中科技大学出版社给予的翻译机会，感谢编辑们的信任、执着、耐心与专业。

最后，能够翻译本书我感到非常荣幸，也非常感谢各位读者。由于本人能力有限，各种疏漏与错误还望各位批评指正。

张锐逸

2018 年 10 月 30 日于庆应义塾大学